MATLAB을 이용한
알기 쉬운 수치해석

박태희 지음

생능출판

저자약력

박태희

    부산대학교 전자공학과 공학박사
    동명대학교 메카트로닉스공학부 교수

MATLAB을 이용한 알기 쉬운 수치해석

초판발행 2018년 9월 3일
제1판3쇄 2023년 7월 24일

지은이 박태희
펴낸이 김승기, 김민수
펴낸곳 ㈜생능출판사 / **주소** 경기도 파주시 광인사길 143
출판사 등록일 2005년 1월 21일 / **신고번호** 제406-2005-000002호
대표전화 (031)955-0761 / **팩스** (031)955-0768
홈페이지 www.booksr.co.kr

책임편집 신성민 / **편집** 이종무, 유제훈 / **디자인** 유준범
마케팅 최복락, 심수경, 차종필, 백수정, 송성환, 최태웅, 명하나, 김민정
인쇄·제본 상지사 P&B

ISBN 978-89-7050-958-7
정가 27,000원

우리는 초등학교, 중학교, 고등학교를 거쳐 전공에 따라 대학교에서도 수학을 배운다. 그동안 우리 머리를 아프게 했던 수학 문제들은 사실상 손으로 연필을 잡고 머리로 충분히 해결할 수 있는 문제들이다. 이와 같이 논리적인 추론을 통해 직접 문제를 풀어나가는 과정을 해석적 방법(Analysis Method)이라고 한다. 그러나 대부분의 자연 현상이나 수많은 공학 문제들은 미분 방정식으로 모델링되어지며, 해석적 방법으로 해결할 수 없는 복잡한 경우가 많다. 수치해석(Numerical Analysis)은 이러한 복잡한 문제들을 현실에 적용하여 보다 정확한 해에 근사화하기 위해 등장한 것이다.

수치해석은 컴퓨터의 급속한 발전과 함께 빠르고 강력한 기능을 갖춘 프로그래밍 언어들의 등장으로 인해 공학과 과학의 전 분야에서 필수적인 과목으로 자리 잡고 있다. 그러나 다양한 수치해석 이론을 이해하고 이를 프로그램으로 구현하는 것은 쉽지 않다. 더구나 수치해석에 관한 많은 서적들이 주로 원론에 치우쳐 있으며 이를 구현하기 위해서는 중급 이상의 프로그래밍 실력을 갖추어야 하므로 수치해석에 입문하는 학생들에게 많은 심적 부담을 주고 있는 것이 사실이다.

그러나 Mathworks 사에서 개발한 공학용 프로그래밍 언어인 MATLAB은 수치해석에 있어서 매우 중요한 역할을 담당하고 있다. MATLAB은 초보자도 쉽게 프로그래밍 할 수 있으며, 다양한 내장함수와 도구상자(toolbox)를 지원하고 있어 그래프 작업이나 미분 방정식 계산 또는 신호처리와 같은 복잡한 문제를 노력의 낭비를 최소화하면서 해결할 수 있도록 도와준다.

본 교재는 수치해석에서 자주 사용되는 MATLAB R2008b의 기초 사용법과 프로그램 작성법을 소개하고, MATLAB의 그래픽 기능에 대해 설명한다. 또한 수치해석 전반에 걸친 주제에 대한 알고리즘의 개념과 이해를 돕기 위하여 예제 및 MATLAB 프로그램을 수록하였다. 지나치게 원리를 따지는 증명이나 유도는 생략하였으며 MATLAB의 고급 문법은 거의 사용하지 않았기 때문에 프로그래밍의 경험이 없거나 MATLAB의 기초만 알고 있는 초보자도 쉽게 이해할 수 있도록 하였다. 특히 각 장 마지막 부분에는 각 알고리즘을 라이브러리한 MATLAB 내장 함수들을 소개함으로써 쉽고 적은 노력으로 문제를 직관적으로 이해할 수 있도록 하였다.

이 교재에서 다루는 내용은 MATLAB 문법, 수치해석에 의한 오차 분석, 비선형 방정식 및 선형 연립 방정식의 해법, 보간법 및 회귀 분석, 수치 미분, 수치 적분, 상미분 방정식, 경계치 문제 및 편미분 방정식, 고유값 문제 그리고 최적화 문제이다. 또한 부록을 통해 각종 MATLAB 내장 함수와 연산자들을 소개하고, 행렬의 기본 개념과 연산에 대해 설명하였다.

알고리즘을 설명으로 이해하는 것과 프로그램으로 구현하여 직접 눈으로 확인해 보는 것과는 많은 차이가 있다. 따라서 반드시 알고리즘을 공부한 후에는 직접 프로그램을 구현하여 실행시켜 보기를 바란다. 아무쪼록 본 교재가 수치해석을 공부하는 모든 이들에게 많은 도움이 될 수 있기를 바란다. 끝으로 이 책의 출판을 위해 도움을 주신 생능출판사 김승기 대표님을 비롯한 직원분들께 깊이 감사드린다.

저자 씀

CONTENTS

CONTENTS

CONTENTS

수치해석을 위한 MATLAB 기초

MATLAB은 MATrix LABoratory의 줄임말로써 숫자들의 계산을 쉽고 효과적으로 처리할 뿐만 아니라 변수들의 값을 실시간으로 확인할 수 있으며, 벡터와 행렬의 조작이 매우 간편하다는 장점이 있다. 특히 다양한 내장 함수를 지원하므로 공학 분야에 제반된 문제들을 빠르게 풀 수 있으며, 도구상자(toolbox)라고 하는 많은 부가적인 소프트웨어 모듈이 있어서 수치해석 및 신호처리 등 공학 분야에서 다양하게 사용된다. 또한 함수 결과를 그래프로 그리는 기능 및 프로그래밍을 통한 알고리즘 구현 등을 제공한다. 이 장에서는 MATLAB에서 자주 사용되는 기호와 벡터 및 행렬 연산 방법, 그리고 다양한 수치해석에 유용한 2차원 그래픽 함수에 대해 설명한다.

수치해석을 위한 MATLAB 기초

1.1 MATLAB에서 자주 사용되는 기호

MATLAB에서는 영문자 및 숫자, 특수 기호들을 제외한 밑줄(_)을 사용하여 변수 또는 함수의 이름을 지정할 수 있다. MATLAB에서는 대문자와 소문자를 구별한다. 따라서 x와 X는 서로 다른 변수로 인식된다. [표 1.1]은 MATLAB 프로그램이 자체적으로 미리 지정해 놓은 변수들을 나타낸 것으로써 이러한 변수들은 변수를 지정할 때 사용하지 않도록 주의해야 한다.

[표 1.1] MATLAB에서 미리 지정된 변수

변수	설명
pi	원주율(π)
inf	무한대(∞)
NaN	숫자가 아님(Not a Number)
ans	결과를 일시적으로 저장하는 변수
i, j	허수($\sqrt{-1}$)를 의미

또한 내장 함수의 이름은 항상 소문자이다. 즉 sqrt(x)는 x의 제곱근을 의미하지만, SQRT(x)는 사용자가 만들지 않는 한 정의되지 않은 함수로 취급한다. [표 1.2]는 MATLAB에서 자주 사용되는 몇몇 내장 함수를 나타낸 것이다.

[표 1.2] MATLAB에서 자주 사용되는 내장 함수들

명령어	설명
sqrt(x)	x의 제곱근($\sqrt{x}$) 구하기
abs(x)	x의 절대값($|x|$) 구하기
sin(x)	x의 사인($\sin x$)값 구하기
cos(x)	x의 코사인($\cos x$)값 구하기
tan(x)	x의 탄젠트($\tan x$)값 구하기
asin(x)	x의 아크사인($\sin^{-1}x$)값 구하기
acos(x)	x의 아크코사인($\cos^{-1}x$)값 구하기
atan(x)	x의 아크탄젠트($\tan^{-1}x$)값 구하기
exp(x)	x의 지수함수(e^x)값 구하기
log(x)	x의 자연로그($\ln x$)값 구하기
log10(x)	x의 상용로그($\log x$)값 구하기

또한 MATLAB은 [표 1.3]과 같이 데이터를 간단하게 생성하고 입출력 및 연산을 위해 다양한 기호와 연산자들을 제공한다.

[표 1.3] MATLAB에서 자주 사용되는 일반 기호 및 수식 기호

명령어	설명
>>	MATLAB 프롬프트
'	벡터나 행렬의 전치(transpose)를 의미
' '	문자열을 나타낼 때 사용
%	주석을 의미
[ ]	다항식, 벡터, 행렬 등을 나타낼 때 사용
( )	입력 변수나 값을 지정할 때 사용
;	문장 끝에 표기하며, 화면에 결과 값을 출력하지 않음
:	벡터를 만들 때 사용
.	벡터나 행렬의 원소들끼리 계산할 때 사용
+	덧셈을 위한 수식 기호
−	뺄셈을 위한 수식 기호
*	곱셈을 위한 수식 기호
/	나눗셈을 위한 수식 기호
^	거듭제곱을 위한 수식 기호

다른 프로그래밍 언어에서와 마찬가지로 MATLAB에서도 다음과 같은 관계 및 논리 연산자들이 있다.

[표 1.4] MATLAB에서 사용되는 관계 및 논리 연산자

명령어	설명	분류
A 〉 B	A가 B보다 큼	관계 연산자
A 〉= B	A가 B보다 크거나 같음	관계 연산자
A 〈 B	A가 B보다 작음	관계 연산자
A 〈= B	A가 B보다 작거나 같음	관계 연산자
A == B	A가 B와 같음	관계 연산자
A ~= B	A가 B와 같지 않음	관계 연산자
A & B	논리곱 (A와 B가 모두 참일 때만 참)	논리 연산자
A | B	논리합 (A와 B 중 하나라도 참이면 참)	논리 연산자
~A	부정 (A가 참이면 거짓, 거짓이면 참)	논리 연산자

MATLAB은 기본적으로 수치 연산을 수행한다. 그러나 Symbolic math toolbox를 이용하면 심볼릭 변수들을 이용한 계산도 가능하다. Symbolic math란 c = a + b의 형태로 문자를 이용한 수학 계산을 하는 것을 말한다. Symbolic math를 이용하려면 키워드 syms를 사용하여 먼저 변수를 심볼릭 형태로 선언해야 한다.

다음은 심볼릭 기호를 선언하고 2차 방정식의 해를 구하는 예제이다. 먼저 a, b, c, x를 심볼릭 기호로 선언해 준 후, f라는 변수에 2차 방정식을 표시해 주고 solve라는 함수를 이용하여 2차 방정식의 해를 구한 것이다.

```
>> syms a b c x        % a, b, c, x를 심볼릭 기호로 선언
>> f = a*x^2 + b*x + c
f =
   a*x^2 + bx + c

>> s=solve(f, x)
s =
   -(b + (b^2-4*a*c)^(1/2))/(2*a)
   -(b - (b^2-4*a*c)^(1/2))/(2*a)
```

1.2 벡터와 행렬 연산

1.2.1 벡터 및 행렬의 생성

MATLAB에서 행렬은 데이터를 저장하고 다루기 위해 사용하는 기본적인 형태이다. 행렬은 1×1의 스칼라와 하나의 행($1 \times n$) 또는 하나의 열($n \times 1$)로 구성된 벡터 그리고 행과 열로 정렬된 수들의 나열을 모두 포함한다. 행렬의 원소로는 실수 및 복소수 그리고 문자도 사용 가능하다. 행렬의 용도 중 하나는 정보와 데이터를 표의 형태로 저장하는 것이다.

MATLAB은 다른 프로그래밍 언어들과는 달리 변수 선언이나 차원 선언이 필요 없다. 현재 사용하고 있는 컴퓨터에서 사용 가능한 크기까지 자동으로 메모리 공간을 할당해 주기 때문이다. MATLAB에서 행렬을 생성하는 가장 간단한 방법은 다음과 같이 직접 원소들을 나열하여 입력하는 것이다.

- 원소들은 공백 또는 쉼표(,)를 사용하여 분리시킨다.
- 전체 원소들은 대괄호([ ])로 감싼다.
- 한 행이 끝나면 원소의 끝에 세미콜론(;)을 붙이거나 엔터키를 사용한다.
- 행벡터 또는 열벡터를 생성할 때는 위의 규칙을 동일하게 적용할 수 있다.

2×2의 행렬을 생성하기 위한 다음의 예제를 살펴보자.

```
>> A=[1  2 ; 3  4]        % 2×2의 행렬 생성 방법
A=
     1    2
     3    4
```

예제에서 기호 %는 주석문으로써 실행 결과에는 영향을 미치지 않는 설명문을 의미한다. 이제 한 행이 끝날 때 세미콜론을 붙이는 대신 엔터키를 사용해 보자.

```
>> B=[1  2
      3  4]
B=
     1    2
     3    4
```

세미콜론과 엔터키를 사용한 결과가 동일함을 알 수 있다. 1차원 행렬의 형태를 가지는 행벡터와 열벡터 역시 동일한 규칙을 이용하여 생성할 수 있다.

```
>> A = [ 1  2  3 ]              % 1×3의 행벡터 생성
A= 1 2 3

>> B = [ 1 ; 2 ; 3 ]            % 3×1의 열벡터 생성
B= 1
   2
   3
```

행렬의 원소는 다음과 같이 수식도 가능하다.

```
>> A = [ 1.5  sqrt(3)  (1+4)*2/3 ]
A =
   -1.5000   1.7321   3.3333
```

또한 공백으로만 구성된 벡터를 생성하려면 대괄호만 사용할 수 있다.

```
>> A = [ ]
A =
   [ ]
```

MATLAB에서 수식은 연산자, 함수, 변수 등으로 구성될 수 있으며, 이 수식을 계산한 결과는 행렬로 생성된다. 변수를 지정하지 않은 경우 수식의 결과는 ans라는 변수에 할당된다. 또한 수식 뒤에 세미콜론을 붙이지 않으면 수식의 결과가 변수에 저장되면서 화면에도 표시된다. 그러나 세미콜론을 사용하면 값은 변수에 저장되나 결과는 화면에 출력되지 않는다. 다음의 예제를 확인해 보자.

```
>> 1000/20          % 수식을 변수에 저장하지 않은 경우
ans =
    50
>> x = 1000/20       % 세미콜론을 붙이지 않은 경우
x =
    20
>> x = 1000/20 ;     % 세미콜론을 붙인 경우
```

만일 일정한 어떤 간격으로 증가하거나 감소하는 벡터를 만들고자 한다면 다음과 같이 콜론(:) 연산자를 이용할 수 있다.

$$A = 시작값 : 증감값 : 최종값$$

아래의 예제는 1부터 10까지 2씩 증가하는 벡터를 생성한 것이다.

```
>> A = 1 : 2 : 10
   A =
        1   3   5   7   9
```

이때 증감값이 생략되면 디폴트값(default)인 1이 사용된다.

```
>> B = 1 : 10
   B =
        1   2   3   4   5   6   7   8   9   10
```

이와 같이 사용자가 직접 행렬을 생성할 수 있지만, MATLAB은 [표 1.5]와 같이 내장 함수들을 사용하여 단위행렬과 영행렬 그리고 모든 원소가 1인 행렬을 생성할 수 있다.

함수	설명
eye(n)	n×n 크기의 단위행렬을 생성한다.
eye(m,n)	m×n 크기의 단위행렬을 생성한다.
zeros(n)	0으로 구성된 n×n 행렬을 생성한다.
zeros(m,n)	0으로 구성된 m×n 행렬을 생성한다.
ones(n)	1로 구성된 n×n 행렬을 생성한다.
ones(m,n)	1로 구성된 m×n 행렬을 생성한다.

내장 함수들을 이용하여 행렬 또는 벡터를 생성해 보자.

```
>> A=ones(2,3)          % 1로 구성된 2×3의 행렬 생성
A=
    1  1  1
    1  1  1
>> B=eye(2)             % 2×2의 단위 행렬 생성
B=
    1  0
    0  1
```

벡터를 생성하는 또 다른 명령어로 linspace가 있다. linspace(a, b, n)은 a와 b 사이에 등간격의 n개의 원소를 갖는 벡터를 생성한다. 만일 n을 생략하면 100개의 원소를 생성하도록 디폴트로 지정되어 있다.

```
>> C=linspace(-1,1,5)    % -1에서 1까지 등간격을 갖는 5개의 원소 생성
C=
    -1.0000   -0.5000   0   0.5000   1.0000
```

또한 괄호와 첨자를 이용하여 행렬의 원소를 참조할 수 있다. 첨자는 1부터 시작되며, 콜론(:)을 이용하여 행이나 열의 모든 또는 일부 원소들을 선택할 수 있다. 이는 그래프, 데이터 분석 등에서 매우 유용하게 사용된다.

A(i, :) : 행렬 A의 i번째 행 선택
A(:, j) : 행렬 A의 j번째 열 선택
A(i:k, :) : 행렬 A의 i번째 행부터 k번째 행까지 선택
A(:, j:q) : 행렬 A의 j번째 열부터 q번째 열까지 선택
A(i:k, j:q) : 행렬 A의 i번째 행부터 k번째 행, j번째 열부터 q번째 열까지 선택

```
>> A=[1 2 3; 4 5 6; 7 8 9] ;
>> A(1:2, 2:3)        % 행렬 A의 첫 번째 행부터 두 번째 행, 두 번째 열부터 세 번째 열까지 선택
ans =

   2  3

   5  6
>> B= A(1, :)         % 행렬 A의 첫 번째 행 선택
B =

   1 2 3
>> C = A(:, 2)        % 행렬 A의 두 번째 열 선택
C =

   2

   5

   8
```

1.2.2 벡터 및 행렬 연산

■ 행렬의 전치 연산

행렬에서 행과 열을 바꾸는 전치 연산(transpose operation)을 위해 MATLAB에서는 연산자 프라임(')를 제공한다. 예를 들어 3×3의 행렬 A에 대해 전치 연산을 수행하면 아래와 같다.

```
>> A=[1  2  3;4  5  6;7  8  9];    % 3×3 행렬 A 생성
>> B=A′                            % 행렬 A의 전치
B =
          1    4    7
          2    5    8
          3    6    9
>> x = [1  2  3]′                  % 1×3 행벡터 x의 전치
x = 1
      2
      3
```

■ **행렬의 덧셈과 뺄셈**

행렬의 덧셈과 뺄셈은 숫자의 덧셈, 뺄셈과 마찬가지로 + 연산자와 − 연산자를 사용하며,
이때 연산의 대상이 되는 두 행렬의 크기는 같아야 하고 각 행렬의 같은 위치, 즉 행렬상의
첨자가 같은 원소간에만 연산된다.

```
>> A=[1  2;  3  4];
>> B=[5  6;  7  8];
>> C=A + B
C =
        6    8
       10   12
>> D = A − B
D =
       -4   -4
       -4   -4
```

■ **행렬의 곱셈**

행렬의 곱셈은 * 연산자를 사용하며, 행렬 X가 $m \times p$이고 행렬 Y가 $q \times n$이면 행렬 X와
Y의 곱셈은 $p = q$일 때 가능하며, 두 행렬의 곱셈 XY는 $m \times n$ 행렬이 된다. 만일 곱셈의
조건이 맞지 않는다면 오류가 발생한다.

```
>> A=[1  2  3];
>> B=[3  4  5];
>> A * B'
ans =
         26

>> A=[1  2;  3  4];              % 2×2의 크기를 갖는 행렬 A
>> B=[5  6;  7  8;  9  10];      % 3×2의 크기를 갖는 행렬 B
>> A * B                        % 오류 발생
??? Error using ==> *
Inner matrix dimensions must agree.
```

■ 행렬의 나눗셈

MATLAB에서는 행렬의 나눗셈을 위해 좌측 연산자 \ 와 우측 연산자 /를 제공한다. 행렬 A가 역행렬을 갖는 정방 행렬이면 선형 방정식 Ax=b의 해 x를 구하기 위해 좌측 나눗셈을 사용하며, 우측 나눗셈은 xA = b의 해를 구하기 위해 사용한다.

(ⅰ) A * x=b의 해를 구하고자 할 경우
　　x=A \ b : 좌측 나누기(left division)

(ⅱ) x * A=b의 해를 구하는 경우
　　x=b / A : 우측 나누기(right division)

나눗셈 연산자를 사용하여 아래의 연립 방정식의 해를 구해보자.

$$3x + 5y - 3z = 8$$
$$5x + 3y + 2z = 22$$
$$2x + \ y - 3z = 1$$

이 연립 방정식은 Ax=b의 형태이므로 좌측 나눗셈을 사용해야 한다. 좌측 나눗셈은 키보드에서는 \로 표시되어 있다.

```
>> A=[3  5  -3; 5  3  2; 2  1  -3 ];
>> b=[8  22  1];
>> x = A \ b
x =
     3
     1
     2
>> 4 \ 2                        % 2/4와 동일한 의미

ans =
     0.5000
>> 4/2                          % 4/2와 동일한 의미

ans =
     2
```

■ **행렬의 거듭제곱**

행렬 A와 스칼라 n에 대해 MATLAB 명령어 A^n는 A를 n번 곱하는 것을 의미한다. A가 정방 행렬이 아니면 곱셈이 성립하기 위한 조건이 만족되지 않아 에러가 발생한다.

```
>> A=[1  2  3; -1  2 -1]; % 행렬 A가 정방 행렬이 아닌 경우
>> A ^ 2
??? Error using ==> ^
Matrix must be square.

>> B=[1  2; 3  4];              % 2×2의 정방 행렬인 경우
>> B ^ 2
ans =
         7   10
        15   22
```

■ 요소 대 요소 연산

행렬 또는 벡터에서 각 원소끼리 곱하거나 나누기 또는 거듭제곱을 하고자 할 경우에는 사용하고자 하는 연산자 앞에 . 연산자를 붙여야 한다. 이 연산자는 벡터나 행렬 전체가 아닌 같은 위치에 있는 원소 간의 연산을 수행하므로 요소 대 요소(element-by-element) 연산자라고도 한다.

```
>> A=[1  2  3];
>> B=[-1  0  2];
>> A.*B                    % [1*-1   2*0   3*2]와 같은 의미
ans =
   -1  0  6

>> B .^ 2                  % [ (-1)^2   (0)^2   (2)^2]과 같은 의미
ans =
    1  0  4
```

이외에도 자주 사용되는 행렬 연산 내장 함수는 [표 1.6]과 같다.

[표 1.6] 행렬 연산 함수

함수	설명
size(A)	행렬 A의 크기를 구해 행과 열 크기를 순서대로 반환한다.
length(A)	행렬 A의 행 수와 열 수를 비교하여 큰 값을 출력한다. 단, 벡터의 경우는 원소의 수를 반환한다.
reshape(A, n, m)	행렬 A를 n×m 행렬로 변환시킨다. 이때 열우선 순서로 변환된다.

다음은 2×3 행렬 A를 3×2 행렬로 변환하는 예제이다.

```
>> A=[1  2  3 ; 4  5  6];
>> reshape(A, 3, 2)          % 행렬 A의 크기를 3×2 크기로 변환
ans=
        1   5
        4   3
        2   6
>> A=[1  2  3 ; 4  5  6];
>> size(A)                   % 행렬 A의 크기는 2×3
ans=
        2   3
>> length(A)                 % 행의 수는 2, 열의 수는 3이므로 큰 수인 3을 출력
ans=
        3
>> B=[1 3 4 5];              % 벡터 B의 길이는 원소의 수와 동일
>> length(B)
ans=
        4
```

예를 통해 알 수 있는 바와 같이 기존의 행렬이 새로운 형태의 행렬로 바뀔 때 기존의 원소들이 열 우선 순으로 변환된다.

1.3 입출력 형식

MATLAB은 표준 입출력 및 파일 입출력에 관한 내장 함수를 제공한다. 표준 입출력 함수란 키보드를 통해 입력받고 모니터를 통해 연산 결과를 출력하는 함수이다. 반면, 파일 입출력은 데이터를 영구 보존하기 위해 파일에 저장된 데이터를 읽거나 파일에 연산 결과를 출력하는 것이다. 이 절에서는 화면에 간단한 메시지 또는 변수의 값을 출력하는 disp 함수와 자주 사용되는 파일 입출력 함수인 fscanf, fprintf 함수의 사용법에 대해서만 살펴보기로 한다.

1.3.1 disp 함수

disp 함수는 간단한 메시지 또는 변수(벡터, 행렬 등)의 값을 명령창에 출력할 때 사용한다.

> disp('메시지') 또는 disp(변수명)

```
>> A=[1  2 ; 2  1] ;
>> disp(A)
       1  2
       2  1
>> A='Disp example' ;
>> disp(A)
Disp example
>> disp('Disp example 2')
Disp example 2
```

1.3.2 fprintf 함수

fprintf 함수는 지정된 형식으로 파일에 데이터를 쓰기 위해 사용되며, 다음과 같은 형식을 가진다.

> 파일식별자 = fopen('파일명', '모드') ;
> fprintf(파일식별자, 'format', 인자1, 인자2, …) ;
> fclose(파일식별자) ;

fopen은 지정된 모드를 위해 첫 번째 매개변수로 지정한 파일을 연 후 파일 식별자로 결과를 반환한다. 주어진 이름의 파일을 여는데 성공하면 3 이상의 양의 정수를, 파일 개방에 실패하면 -1을 반환한다. 두 번째 매개변수인 모드의 종류는 [표 1.7]과 같다.

[표 1.7] fopen에서 사용되는 모드의 종류

모드	설명
r	읽기 위하여 파일을 개방
r+	읽기 및 쓰기를 위하여 파일을 개방
w	기존 파일의 내용을 지우고 새로운 파일을 개방
w+	기존 내용을 지우고 새로운 파일을 만들어 읽기 및 쓰기 위해 파일 개방
a	새로운 파일을 만들고 열거나, 쓰기 위해 기존의 파일을 개방하고 파일 끝에 추가시킴
a+	새로운 파일을 만들고 개방하거나 읽기 및 쓰기를 위해 기존의 파일을 개방하고 파일 끝에 추가시킴

파일을 정상적으로 개방한 경우 파일 식별자에 일치하는 파일에 인자 1, 인자 2, … 를 지정한 format에 맞추어서 출력한다.

format은 '%'로 시작하는 형식 변환 문자이며, 이것은 인자의 출력 형식을 조정하는 역할을 한다.

[표 1.8] fprintf에서 사용되는 형식 변환 문자

변환 문자	설명
%d	부호 있는 10진수로 출력한다.
%o	8진수로 출력한다.
%u	부호 없는 10진수로 출력한다.
%x	16진수로 출력한다.
%f	부동 소수점으로 출력한다.
%e	소문자 e를 사용한 지수 형태로 출력한다.
%c	단일 문자 형태로 출력한다.
%s	문자열의 형태로 출력한다.

파일을 개방한 경우에는 함수 fclose(파일식별자)를 사용하여 반드시 파일 닫기를 해 주어야 한다. 아래의 예를 살펴보자.

```
>> x=0 : 2 : 10 ;          % 행벡터 x 생성
>> fp=fopen('a.dat', 'w') ; % 쓰기 위해 a.dat를 개방하고 파일식별자 fp에
                            % 결과를 반환
>> fprintf(fp, '%d\n', x) ; % fp에 연결된 a.dat에 벡터 x를 정수 형태로
                            % 쓰기
>> fclose(fp);             % 파일 닫기
```

의의 예제에서 '\n'은 개행 문자로써 현재 커서를 다음 줄로 넘긴다는 의미이다.

1.3.3 fscanf 함수

fscanf 함수는 파일 식별자에 의해 지정된 파일로부터 데이터를 읽은 후 입력한 format에 따라 변환하여 행렬에 반환하는 함수이며, 다음과 같은 형식을 가진다.

파일식별자 = fopen('파일명', '모드');
A = fscanf(fp, 'format', 크기);
fclose(파일식별자);

만일 읽을 데이터의 '크기'를 지정하지 않으면 파일 전체를 읽고, 지정하기 위해 사용하는 인자는 다음과 같다.

[표 1.9] fscanf에서 읽어올 데이터의 크기 지정

크기	설명
n	열 벡터에서 n개의 데이터를 읽음
inf	파일의 끝까지 읽음
[m, n]	m×n 행렬을 만들 수 있는 데이터를 읽음

fscanf 함수는 파일로부터 데이터를 읽어오기 위해 사용하는 함수이므로 '모드'는 'r' 또는
'r+'를 사용한다. 아래의 예제를 살펴보자.

```
>> fp=fopen('b.dat', 'r') ;  % 읽기 위해 b.dat를 개방하고 파일식별자 fp에
                              % 결과를 반환
>> B=fscanf(fp, '%d') ;  % fp에 연결된 b.dat로부터 데이터를 읽은 후
                          % 정수 형태로 변환하여 B에 대입
>> fclose(fp);           % 파일 닫기
```

1.4 매트랩 프로그래밍

MATLAB은 다른 프로그래밍 언어들과 마찬가지로 순차적인 알고리즘의 흐름 변경을 제어
하기 위해 다음과 같이 주로 세 가지 제어문을 사용한다.

1.4.1 if 문

if문은 프로그램의 흐름을 제어하는 가장 기본적인 조건식으로써 다음과 같이 세 가지
종류의 사용 방법이 있다.

```
if 논리식              if 논리식              if 논리식 1
   문장 1                문장 1                 문장 1
    ⋮                  else                  elseif 논리식 2
   문장 n                문장 2                 문장 2
end                   end                   else
                                               문장 3
                                            end
```

만일 if문의 논리식이 참이면 문장 1에서 문장 n까지를 순서대로 수행하고 그렇지 않으면
문장을 건너뛴다. if-else 문은 논리식이 참이면 문장 1을, 거짓이면 문장 2를 실행한다.

그리고 elseif 문을 사용하면 else 문에 또 다른 조건을 위한 논리식을 추가할 수 있다.

즉 논리식 1이 참이면 문장 1을, 그렇지 않고 논리식 2가 참이면 문장 2를 실행하며, 논리식 1과 논리식 2를 모두 만족하지 않으면 문장 3을 실행한다.

다음의 예제는 양의 정수를 입력받아 그 수가 짝수인지 홀수인지를 판별하는 것이다.

```
>> n=input('양의 정수를 입력하세요. : ') ; %키보드로부터 양의 정수를 입력받아 n에 저장
>> if rem(n,2) == 0
      disp('n은 짝수이다.')
   else
      disp('n은 홀수이다.')
   end
```

여기서 input('메시지') 함수는 키보드를 통해 데이터를 입력받는 함수이며, rem(a, b) 함수는 a를 b로 나눈 나머지 값을 반환하는 함수이다. 따라서 위의 예제는 키보드로부터 양의 정수를 입력받아 변수 n에 저장하고, n을 2로 나눈 나머지가 0인지 아닌지에 따라 입력받은 양의 정수가 짝수인지 홀수인지를 출력한다.

1.4.2 for문

for문은 주어진 조건을 만족할 때 한 개 이상의 문장을 미리 정해진 횟수만큼 반복 수행하도록 하는 명령어 중의 하나이며 기본 구조는 다음과 같다.

```
for 첨자=초기값 : 증분값 : 최종값
    문장
end
```

for문은 첨자의 초기값에서 시작하여 증분값만큼 증가시켜 최종값에 도달할 때까지 문장을 반복 실행한다. 만약 증분값을 지정하지 않으면 디폴트로 1의 값을 가진다. for 문은 반드시 end 문과 대응되어야 한다.

다음은 $x = 0, 0.5, 1.0, 1.5, 2$에서 $f(x) = e^x$의 함수값을 계산하기 위해 for 문을 사용한 프로그램이다.

```
>> y = [  ];        % 공백 벡터 y 생성
>> for x = 0 : 0.5 : 2
        y = [y exp(x)] ; % 벡터 y에 eˣ의 값을 계속해서 추가
    end
>> y                   % 벡터 y값 출력
y =
    1.0000   1.6487   2.7183   4.4817   7.3891
```

1.4.3 while문

for문이 지정된 횟수만큼 문장을 반복 실행하는 반면 while문은 논리식을 만족하는 동안 계속해서 반복을 수행한다. while문의 기본 구조는 다음과 같다.

```
while 논리식
      문장
end
```

아래의 예제는 while문을 이용하여 1에서 100까지의 합을 구하는 프로그램이다.

```
>> i=1 ; sum=0 ;
>> while i <=100
        sum=sum + i ;
        i=i+1 ;
    end
>> sum            % 변수 sum의 값 출력
sum =
    5050
```

1.5 그래프 그리기

MATLAB의 가장 큰 장점 중의 하나는 2차원 그래프 및 3차원 그래프를 쉽고 간단하게 그릴 수 있다는 점이다. MATLAB 명령 창에서 demo를 이용하면 MATLAB의 다양한 그래픽 기능을 볼 수 있다. 이 절에서는 수치해석에 유용한 2차원 그래프를 그리는 방법에 대해서만 알아본다. 따라서 3차원 그래프에 관한 내용은 MATLAB 서적을 이용하기를 바란다.

1.5.1 그래프 그리기

MATLAB 명령어 plot은 기본적인 그래프를 그리는데 사용되며, 다음과 같은 기본 형식을 가진다.

$$\text{plot}(x, y, \text{'linespec'})$$

여기서 x는 수평축의 데이터로 구성된 벡터이고, y는 x에 대응하는 수직축의 데이터로 구성된 벡터이다. linespec은 선의 모양과 색상 그리고 마커를 나타내는 문자열로써, [표 1.10]은 이를 요약한 것이다. 여기에서 마커란 그래프를 그릴 때 사용된 각 데이터의 좌표값에 표시되는 기호이다.

[표 1.10] **선 종류 및 색상과 마커**

선 종류(Line Style)	마커(Marker)	선 색
− : 실선(solid line)	o : Circle	c : 청록색(cyan)
− − : 대시선(dashed line)	+ : + 선(++++)	m : 진홍색(magenta)
: 점선(dotted line)	* : * 선(****)	y : 노란색(yellow)
−. : 대시 점선(dash−dot line)	. : Point	r : 빨간색(red)
	X : Cross	g : 초록색(green)
	s : Square	b : 파란색(blue)
	d : Diamond	w : 흰색(white)
		k : 검은색(black)

만일 여러 개의 데이터를 하나의 그림 창에 한꺼번에 그리고자 할 경우에는 다음과 같이
사용한다.

> plot(x1, y1, 'linespec1', x2, y2, 'linespec2', ···, xn, yn, 'linespecn')

아래는 $\sin x$와 $\cos x$의 그래프를 서로 다른 형태의 선을 사용하며 도시하는 예이다.

```
>> x=0:0.2:10;
>> y1=cos(x);
>> y2=sin(x);
>> plot(x, y1, 'b-o', x, y2, 'r--')
```

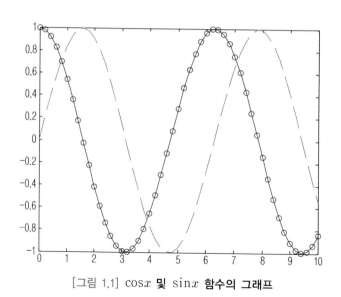

[그림 1.1] $\cos x$ 및 $\sin x$ **함수의 그래프**

[그림 1.1]에서 $\cos x$ 그래프의 선의 색상은 파란색, 선의 종류는 실선, 마커는 원이며,
$\sin x$ 그래프의 선의 색상은 빨간색, 선의 종류는 대시선, 마커는 사용되지 않음을 알 수
있다.

1.5.2 다중 그래프 그리기

plot 함수를 사용하면 한꺼번에 여러 개의 데이터를 그릴 수 있다. 이때 이미 데이터가 그려진 그림 창에 새로운 데이터를 추가로 그리고자 할 때는 hold on 명령어를 사용하여 이미 존재하는 그래픽 객체를 지우지 않고 그 위에 덮어서 그릴 수 있다. 만일 더 이상 같은 그림 창에 그래프를 추가하지 않으려면 hold off 명령어를 사용하여 hold on을 중지시킬 수 있다.

다음의 예제를 살펴보자.

```
>> x=0 : 0.05 : 4*pi ;
>> y1=sin(x) ;
>> plot(x, y1)
>> hold on
>> y2=0.5*cos(2*x) ;
>> plot(x, y2, 'r-.')
```

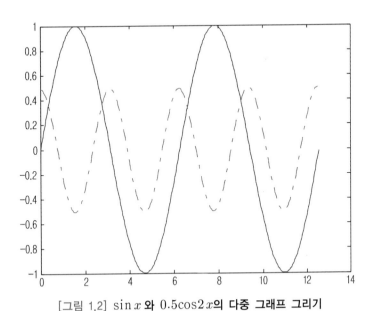

[그림 1.2] $\sin x$와 $0.5\cos 2x$의 다중 그래프 그리기

[그림 1.2]는 $\sin x$ 함수를 도시한 후 hold on을 사용하였기 때문에 $0.5\cos 2x$의 새로운 그래프를 같은 그림 창에 그려도 먼저 그려진 $\sin x$ 함수의 그래프는 지워지지 않음을 알 수 있다.

[그림 1.1]과 [그림 1.2]로부터 그래프 축의 최대값과 최소값은 x 및 y축 데이터의 최대값과 최소값에 따르고 있음을 알 수 있다. 만일 축의 범위 값을 변경하고자 한다면 axis 함수를 사용한다.

axis([x축의 최소값   x축의 최대값   y축의 최소값 y축의 최대값])

다음의 예제를 살펴보자.

```
>> x=0 : 0.05 : 4*pi ;
>> y1=sin(x) ;
>> plot(x, y1)
>> axis([0 12 -2 2]);        % x축의 최소 및 최대값은 0, 12
                             % y축의 최소 및 최대값은 -2, 2
```

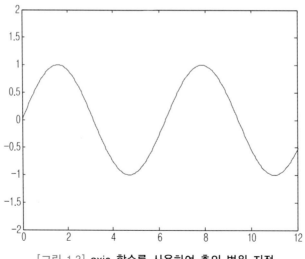

[그림 1.3] axis 함수를 사용하여 축의 범위 지정

1.5.3 그래프의 라벨링

plot 함수를 이용하여 그래프를 그린 후 그래프에 제목을 붙이거나 각 축에 라벨과 범례를
추가할 수 있다.

■ 그래프의 제목과 축 이름 붙이기

그래프의 제목 또는 x축 및 y축의 이름을 출력하기 위한 함수는 각각 다음과 같다.

  titie('문자열'), xlabel('문자열'), ylabel('문자열')

```
>> x=0 : 0.2 : 2*pi ;
>> y1=cos(x) ;
>> y2=sin(x) ;
>> plot(x, y1, 'b', x, y2, 'r-.o')
>> title('sin 및 cos 함수 그리기')
>> xlabel('x')
>> ylabel('y')
```

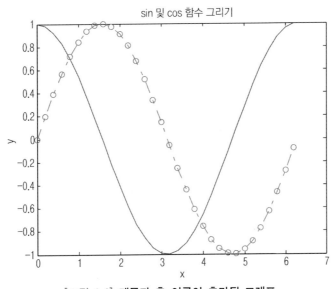

[그림 1.4] 제목과 축 이름이 추가된 그래프

■ 범례 출력하기

범례(legend)란 그래프에 대한 설명문으로서 특히 여러 개의 그래프가 그려졌을 때 이를 구분하기 위해 주로 사용된다. 이는 다음과 같이 legend 함수를 추가적으로 사용하여 출력할 수 있다.

legend('문자열')

```
>> x=0:0.2:2*pi;
>> y1=cos(x);
>> y2=sin(x);
>> plot(x, y1, 'b', x, y2, 'r-.o')
>> title('sin 및 cos 함수 그리기')
>> xlabel('x')
>> ylabel('y')
>> legend('y1=cosx', 'y2=sinx')     % 다중 그래프인 경우 출력될 그래프의 순서대로
                                       범례를 지정
```

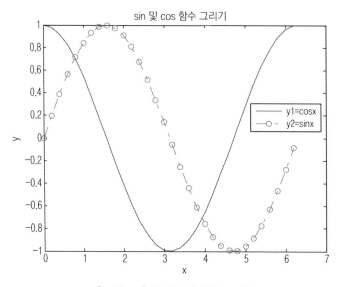

[그림 1.5] 범례가 추가된 그래프

1.6 사용자 정의 함수

일반적으로 MATLAB은 사용자가 명령을 한 줄씩 입력하면 그 명령을 즉시 처리하여 결과를 화면에 표시한다. 또한 MATLAB에서는 일련의 순차적인 명령어들을 파일에 저장하여 한꺼번에 실행할 수 있다. 이러한 파일을 M-파일이라고 하며, 파일의 확장자는 ' .m ' 이어야 한다.

M-파일은 스크립트와 함수의 두 가지 유형으로 분류할 수 있다. 스크립트 파일이란 일련의 긴 명령들을 한꺼번에 자동적으로 수행해 주는 파일을 말하며, 함수 파일이란 외부로부터 값을 입력받아 함수 내에서 어떤 연산을 수행한 후 연산 값을 반환하는 함수로서 사용된다. 이러한 M-파일들은 일반적인 ASCII 텍스트 파일이므로 MATLAB에 내장된 문서 편집기나 일반적인 워드프로세서를 사용하여 작성할 수 있다.

1.6.1 스크립트 파일

스크립트 파일은 주로 많은 명령어들을 입력해야 하는 경우 명령 창에 한 줄씩 명령어를 입력하는 번거로움을 피하기 위해 사용된다. 따라서 명령 창에서 이루어질 수 있는 모든 명령문을 M-파일에 작성하여 저장한 후 명령 창에서 파일명을 입력하면 M-파일이 실행된다. 다음은 sin 함수 그래프 그리기 명령어들을 M-파일로 작성한 예이다.

```
% M-파일(graph.m)
x=0:0.2:2*pi;
y=sin(x);
plot(x, y)
```

작성한 M-파일을 실행하려면 다음과 같이 명령 창에서 파일명인 graph만 입력하면 된다.

```
>> graph
```

1.6.2 함수 파일

함수 파일이란 시작되는 첫 줄에 소문자 'function'이라는 단어가 들어가 있는 M-파일을 말하는 것으로서 외부로부터 값을 전달받아 처리한 계산 값을 다시 외부로 반환하는 함수 기능을 가진다. MATLAB에서 제공하는 내장 함수는 공학 또는 과학에서 자주 사용되는 수식들을 M-파일 형태로 작성하여 최초 개발자인 엔지니어가 정의하여 만든 함수 파일이다. 이때 사용자가 작성한 함수 파일을 MATLAB에서 제공하는 내장 함수와 구별하기 위해 사용자 정의 함수라고 부른다. 함수 파일의 기본 형식은 다음과 같다.

```
function [출력 변수 리스트] = name([입력 변수 리스트])
```

function 다음에는 반환하고자 하는 출력 변수들을 나열한다. 출력 변수가 여러 개인 경우는 반드시 대괄호([])를 사용해야 하지만 한 개인 경우 생략 가능하다. 출력 변수 다음에는 등호 지정 연산자(=)를 사용한다. name은 함수 파일명으로써 확장자 .m은 생략하고 파일명만 쓴다. name 뒤에는 전달받은 입력 변수들을 나열하며, 입력 변수의 개수와는 무관하게 반드시 소괄호를 사용해야 한다. 또한 출력 또는 입력 변수가 여러 개이면 변수들 사이에 쉼표를 지정하여 구분한다.

아래의 예제는 전달받은 벡터 x에 대한 평균값을 구하기 위한 함수 파일(mean_x.m)을 작성한 것이다.

```
function y = mean_x(x)
n = length(x) ;
y = sum(x) / n ;
```

함수 mean_x는 한 개의 벡터 x를 전달받아 평균을 계산한 후 변수 y에 대입한다. 이때 변수 y는 외부로 반환되는 출력 변수가 된다. 작성된 함수 파일을 명령창에서 실행시키려면 다음과 같이 함수 파일명과 입력 인자를 입력한다.

```
>> x = [1 4 5 7 10];
>> mean_x(x)
ans =
    5.4000
```

응용 예제

[그림 1.6]과 같은 RL 직렬 회로에 직류 전압이 연결될 때 회로에 충전되는 전류 $i(t)$는 다음과 같다. 이때, 초기 전류와 최종 전류값은 각각 $i(0)=0,\ i(\infty)=\dfrac{V}{R}$라 가정한다.

$$i(t) = \frac{V}{R}(1 - e^{-Rt/L})$$

직류 전압 $V=5[V]$라 할 때, 각 소자 R, L의 값을 입력받은 후 시간 t에 따른 전류의 변화를 그래프로 도시하는 M-파일을 작성하라.

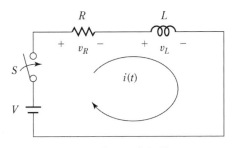

[그림 1.6] **RL 직렬 회로**

풀이 **저항 및 코일**의 값을 입력받기 위해 MATLAB 내장함수 input을 이용하며, 시간 t에 따른 전류 i의 그래프는 plot 함수를 사용한다.

Program 5.1 ➡ RL 직렬회로의 전류를 구하는 프로그램

```
V = 5;                                      % 직류 전압 5V
R=input('저항 R의 값을 입력하세요 : ');       % 저항 R의 값을 입력
저항 R의 값을 입력하세요 : 1
L=input('인덕터 L의 값을 입력하세요 : ');     % 인덕터 L의 값을 입력
인덕터 L의 값을 입력하세요 : 1
t=[0 : 0.01 : 10];
i=V/R.*(1-exp(-R/L*t));
plot(t, i)
title('RL 직렬 회로의 전류 변화');
xlabel('t[sec]');
ylabel('i[A]');
```

아래의 그래프는 R = 1Ω, L = 1H일때 전류의 변화를 나타낸 것이다.

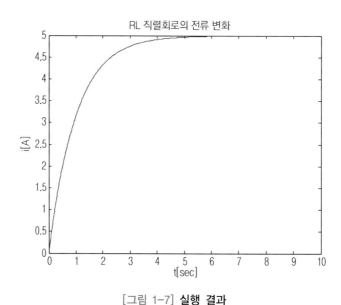

[그림 1-7] **실행 결과**

1. 다음의 벡터를 생성하라.

① 1부터 2씩 증가하여 30까지의 원소를 갖는 행벡터

② 10부터 -2씩 감소하여 -10까지의 원소를 갖는 열벡터

2. 다음의 행렬 A에 대해 물음에 답하라.

$$A = \begin{bmatrix} 2 & 4 & 8 & 1 \\ 2 & 2 & -1 & -1 \\ 3 & 1 & 0 & 5 \end{bmatrix}$$

① 내장 함수 size(A)를 사용하여 행렬 A의 크기를 구하라.

② A의 두 번째 행을 포함하는 행벡터를 만들어라.

③ A의 두 번째 열에서 네 번째 열을 포함하는 행렬을 만들어라.

3. 다음의 두 행렬을 생성하고 연산하라.

$$A = \begin{bmatrix} 1 & 2 & 2 \\ 4 & 2 & -3 \\ 6 & -1 & 4 \end{bmatrix} \quad B = \begin{bmatrix} 0 & 1 & -1 \\ 3 & 0 & 1 \\ 2 & -1 & 3 \end{bmatrix}$$

① A + B   ② A * B   ③ A .* B

④ 2.^A   ⑤ A .^ B

4. MATLAB 내장 함수 inv와 좌측 나눗셈 연산자를 사용하여 다음의 선형 연립 방정식의 해를 구하고 결과를 비교하라.

$$x + 2y - w = 0$$

$$3x + y + 4z + 2w = 3$$

$$2x - 3y - z + 5w = 1$$

$$x + 2z + 2w = -1$$

5. 두 벡터 A, B에 대해 다음을 연산하라.

$$A = [1\ 0\ 4\ 5],\quad B = [1\ 2\ -1\ 0]$$

① A & B

② A|B

③ (A&B) ~= 0

④ (A>=B) & ~(A & B)

6. 평균이 0이고 분산이 1인 표준정규(Normal Distribution) 확률밀도 함수는 다음과 같다.

$$f(z) = \frac{1}{\sqrt{2\pi}} e^{-z^2/2}, -\infty < z < \infty$$

MATLAB을 이용하여 이 확률밀도 함수의 그래프를 그리시오. 단, 확률변수 z는 -5에서 7까지로 한다.

7. 데이터를 0부터 시작해서 0.1씩 증가시켜 아래의 함수에 대한 그래프를 그리고자 한다. 물음에 답하라.

$$y = x \sin(x)$$

① x축 데이터를 50개로 하고자 할 때 최종 x값과 콜론(:) 연산자를 이용하여 x축 데이터를 만드는 MATLAB 명령어는 무엇인가?
(Hint : 데이터 수=(데이터의 최종값−데이터의 시작값) / 증분치+1)

② (1)에서 구한 x축 데이터와 y값을 이용하여 그래프를 그려라.

8. 피보나치 수열은 다음과 같다.

$$x_{i+1} = x_i + x_{i-1} \quad x_1 = 1, x_2 = 1$$

① 100 이하의 피보나치 수열을 출력하는 스크립트 파일을 작성하라.

② 임의의 자연수 n을 입력받아 n 이하의 피보나치 수열을 출력하는 함수를 작성하라.

9. n값을 입력받아 n!을 계산하는 함수 M-파일을 작성하라.

0!=1, 1!=1이며 n!=n · (n−1) · (n−2) · ⋯ · 2 · 1이다.

10. 아래의 그림과 같이 초기 전하량이 없는 RC 직렬 회로에서 스위치가 $t = 0$인 순간 직류 전압 E를 인가할 때 회로에 흐르는 전류는 다음과 같다.

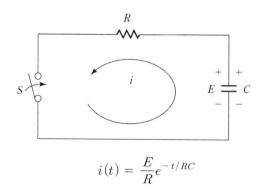

$$i(t) = \frac{E}{R}e^{-t/RC}$$

이때 각 소자 R과 C의 값을 입력받아 시간 t에 따른 전류 $i(t)$의 변화를 그래프로 도시하는 스크립트 M-파일을 작성하라.

11. 보잉 777 여객기가 정지한 상태에서 출발하여 34초 동안 2.3m/s2의 일정한 가속도로 가속하여 이륙한다. 이륙하기까지 운동한 거리는 얼마인가? 비행기가 운동한 거리는 $x = x_0 + v_o t + \frac{1}{2}at^2$이다. 0초에서 34초 동안 운동한 거리 x를 그래프로 도시하라

수치해석에 의한 오차

수치해석은 주어진 방정식의 정확한 해(exact solution)가 아닌 근사적인 해(approximate solution)를 구하는 것이다. 따라서 수치적인 방법을 이용하여 얻은 해는 오차가 존재하게 된다. 이 장에서는 수치 해석에 의해 발생되는 반올림 오차와 절단 오차에 대해 살펴보고, 오차를 정량화하는 방법에 대해 알아본다.

수치해석에 의한 오차

2.1 반올림 오차

반올림 오차(rounding-off error)는 컴퓨터가 수를 표현하는데 있어서 제한된 자릿수와 크기로 인해 반올림 또는 버림함으로써 발생하는 오차를 말한다. 예를 들어 $\sqrt{2} = 1.414213562...$와 같은 무리수는 유한개의 자릿수로는 표현할 수 없다. 따라서 특정 자릿수에서 반올림 하거나 버려야 하며 이로 인해 오차가 발생하게 되는 것이다.

또한 컴퓨터는 유한한 범위의 값만 표현할 수 있다. 16비트 컴퓨터의 경우 표현할 수 있는 정수의 범위가 $-32,768 \sim 32,767$인 반면, 32비트 컴퓨터는 $-2,147,483,648 \sim 2,147,483,647$이다. 또한 실수의 경우 16비트 컴퓨터는 $10^{-38} \sim 10^{39}$, 32비트 컴퓨터는 $10^{-308} \sim 10^{308}$의 범위에 있는 값만을 표현할 수 있다. 따라서 연산에서 어떤 수가 최대값보다 큰 오버플로우(overflow)가 발생하게 되면 계산은 종료되고 에러 메시지가 나타난다. 반면 가장 작은 양의 값보다 작은 수는 언더플로우(underflow)를 일으키며 일반적으로 0으로 처리된다.

이와 같이 컴퓨터에서 사용되는 수의 체계에 의한 오차 이외에 실제의 산술 연산 과정에서도 반올림 오차를 야기할 수 있다. 예를 들어 실수 1.557과 0.04341을 더한다고 가정해보자. 네 자리의 가수와 한자리의 지수를 가지는 가상의 십진 컴퓨터를 가정하면 두 개의 실수는 모든 수가 같은 지수를 갖도록 표현된다. 따라서 각 수는 0.1557×10^1과 0.004341×10^1으로 표현되며, 이를 더하면 0.160041×10^1이 된다. 그러나 이 컴퓨터는 단지 네 자리 가수만 사용하므로 초과되는 자리의 수 41은 버려지게 된다. 이와 같은 현상을 유효숫자 상실이라고도 하며, 일종의 반올림 오차에 해당한다.

최종 결과를 얻기 위해 많은 단계의 산술 연산이 수행될 경우 각 연산에서 발생되는 반올림 오차는 매우 작을 수 있으나 계산 과정을 통해 누적된 반올림 오차는 상당히 클 수 있다. 따라서 반올림 오차를 줄이려면 가수 부분의 자릿수를 더 많이 사용할 수 있는 배정밀도를 사용한다. 그러나 배정밀도를 사용할 경우 단순 정밀도에 비해 2배의 기억 용량과 계산 시간이 필요하다는 단점이 있다. 또한 연산 과정에서 일어나는 오차의 전파를 줄이기 위해 연산 횟수를 줄이는 것이 좋다. 그리고 의미 있는 유효 숫자를 많이 상실하지 않도록 나눗셈일 경우에는 작은 수를 큰 수로 먼저 나누고, 뺄셈의 경우 비슷한 두 수일 때는 유효 숫자가 작아지므로 내용은 같고 표현이 다른 수식으로 바꾸어 연산해야 한다. 이와 같은 방법 이외에도 이론적 공식화를 통해 전체 수치 오차에 대한 예측을 시도해 보는 것도 중요하다.

예제 2.1

유효 숫자가 6인 컴퓨터를 이용하여 $x = 100$일 때 다음의 연산식을 계산하고 실제값과 비교하라. 그리고 연산 결과의 오차를 줄이기 위해 수식을 변형하고 다시 계산하라. 단, 실제값은 4.98756이다.

$$x\left(\sqrt{x+1} - \sqrt{x}\right)$$

풀이 $x = 100$ 일 때, $\sqrt{x+1} = \sqrt{100+1} = 10.0498$, $\sqrt{x} = \sqrt{100} = 10.0000$ 이므로 $x\left(\sqrt{x+1} - \sqrt{x}\right) = 100(10.0498 - 10.0000) = 4.98000$이 된다.

이것은 실제값과 비교해볼 때 유효 숫자 세 자리가 상실되었으며, 실제값과의 절대 오차는 $|4.98756 - 4.98000| = 0.00756$임을 알 수 있다.

따라서 오차를 줄이기 위해 주어진 연산식을 변형하면 다음과 같다.

$$\frac{x}{\sqrt{x+1} + \sqrt{x}}$$

변형된 식을 계산하면 $\dfrac{100}{(10.0498 + 10.0000)} = 4.98758$이 되고, 절대오차는 0.00002 로 줄어들게 된다.

실제값 X=0.123456을 10진수 5자릿수의 계산기로 표현하는 경우의 반올림 오차를 구하라.

풀이 계산기 내의 표현은 6자릿수에서 반올림하여 x = 0.12346이 된다. 이 경우 반올림 오차는 e = x−X = 4 × 10^{-6}이 된다.

2.2 절단 오차

절단 오차(truncation error)는 어떤 함수가 무한급수로 전개될 때, 유한개의 항까지만 처리하고 나머지 항은 절단하여 무시함으로써 발생하는 계산 상의 오차를 의미한다. 예를 들어 sin$x$를 다항식으로 표현한 테일러 급수식(Taylor series)은 식 (2.1)과 같다.

$$\sin x = x - \frac{x^3}{3!} + \frac{x^5}{5!} - \frac{x^7}{7!} + \cdots + \frac{x^n}{n!} + \cdots \tag{2.1}$$

이때 무한개의 항을 더할 수 없으므로 유한개의 합을 그 근사값으로 하여 발생하는 오차를 절단 오차라 한다.

테일러 정리에 의하면 함수 $f(x)$가 $x = a$에서 미분 가능할 때 $x = a$를 중심으로 함수 $f(x)$의 값은 다음과 같이 무한급수로 표현할 수 있다.

$$f(x) = f(a) + (x - a)f'(a) + \frac{(x - a)^2}{2!}f''(a) + \cdots + \frac{(x - a)^n}{n!}f^{(n)}(a) + \cdots \tag{2.2}$$

이때 처음 유한개 항의 합을 $f(x)$의 $x = a$에서 n차 테일러 전개식이라 한다.

$$f(x) = f(a) + (x - a)f'(a) + \frac{(x - a)^2}{2!}f''(a) + \cdots + \frac{(x - a)^n}{n!}f^{(n)}(a) \tag{2.3}$$

n차 테일러 전개식을 근사식으로 사용할 경우 생긴 절단 오차를 $O(\cdot)$로 나타내면 식 (2.3)은 다음과 같이 쓸 수 있다.

$$f(x) = f(a) + (x-a)f'(a) + \frac{(x-a)^2}{2!}f''(a) + \cdots + \frac{(x-a)^n}{n!}f^{(n)}(a) + \cdots \qquad (2.4)$$
$$= f(a) + (x-a)f'(a) + \frac{(x-a)^2}{2!}f''(a) + \cdots + \frac{(x-a)^n}{n!}f^{(n)}(a) + O((x-a)^{n+1})$$

여기서 n=1과 n=2의 경우 각각의 테일러 전개식을 함수 $f(x)$의 $x=a$에서 1차 근사식 및 2차 근사식이라 하고, 절단 오차는 $O((x-a)^2)$, $O((x-a)^3)$ 이다.

$$\text{1차 근사식 : } f(x) = f(a) + (x-a)f'(a) \qquad (2.5)$$
$$\text{2차 근사식 : } f(x) = f(a) + (x-a)f'(a) + \frac{(x-a)^2}{2!}f''(a) \qquad (2.6)$$

예제 2.3

$f(x) = e^x$의 $a=0$에서의 1차 근사식과 2차 근사식을 구하고, x=0.1, 0.2, 0.3, 0.4, 0.5에서의 근사값과 절단 오차를 구하라.

풀이 $a=0$일 때, 함수 $f(x)$의 테일러 급수식은 식 (2.2)로부터 다음과 같다.

$$f(x) = f(0) + f'(0) \cdot x + f''(0)\frac{x^2}{2!} + \cdots + f^n(0)\frac{x^n}{n!} + \cdots$$

주어진 함수 $f(x) = e^x$에서 $f'(x) = e^x$, $f''(x) = e^x$이므로
$f(0) = f'(0) = f''(0) = e^0 = 1$이 된다.
따라서 e^x의 1차 근사식은 $f(x) = 1 + x$이며, 2차 근사식은
$$f(x) = f(0) + f'(0) \cdot x + f''(0)\frac{x^2}{2!} = 1 + x + \frac{x^2}{2} \text{ 이다.}$$

이러한 근사식을 이용하여 x=0.1, 0.2, 0.3, 0.4, 0.5에서의 근사값과 절단 오차를 계산하면 다음의 표와 같다. 여기서 절단 오차는 실제값에서 근사값을 뺀 값이다.

x	실제값	1차 근사값(절단 오차)	2차 근사값(절단 오차)
0.1	1.1052	1.1000(0.0052)	1.1050(0.0002)
0.2	1.2214	1.2000((0.0214)	1.2200(0.0014)
0.3	1.3499	1.3000((0.0499)	1.3450(0.0049)
0.4	1.4918	1.4000((0.0918)	1.4800(0.0118)
0.5	1.6487	1.5000(0.1487)	1.6250(0.0237)

아래의 그래프는 실제값과 각 근사값의 절단 오차를 비교한 것으로써, 근사식의 차수가 작을수록 절단 오차가 커짐을 쉽게 알 수 있다.

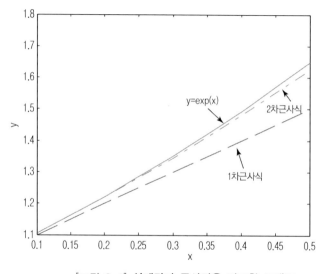

[그림 2-1] 실제값과 근사값을 비교한 그래프

2.3 오차의 정량화 방법

오차 해석은 근사적으로 구한 해가 실제로 사용할 수 있는 해인가를 판단하는데 있어서 매우 중요한 단계이다. 예를 들어 어떤 방정식의 정확한 해가 5인데 근사적으로 구한 해가 3이라면 40%의 오차가 발생하게 된다. 이 40%를 감안하고 근사해를 인정할 것인지, 아니면 더 정확한 해를 구할 것인지 결정할 수 있기 때문이다.

절대 오차와 상대 오차는 오차의 정확도를 측정하기 위해 주로 사용되는 방법이다. 어떤 수의 실제값이 x이고 근사값을 $\overline{x}$라 할 때, 식 (2.7)을 절대 오차(absolute error)라고 한다.

$$E_a = |x - \overline{x}| \tag{2.7}$$

그리고 실제값 x가 0이 아닌 경우 상대 오차(relative error)는 다음과 같이 정의된다.

$$E_r = \frac{|x - \overline{x}|}{|x|} \tag{2.8}$$

상대 오차는 100%를 곱하여 백분율로 나타낼 수 있으며, 이를 백분율 상대 오차(percent relative error)라고 한다.

$$E_r = \frac{|x - \overline{x}|}{|x|} \times 100\% \tag{2.9}$$

절대 오차가 단순히 실제값과 근사값의 차를 의미하는 반면, 상대 오차는 실제값에 대한 절대 오차의 비율을 나타내는 것이다. 따라서 정확도를 고려할 때는 절대 오차보다 상대오차가 의미가 있다.

그러나 지금까지 설명한 오차는 실제값을 알 때만 계산이 가능하므로 실제값을 모르는 수치 해석에서는 근사 오차 개념을 도입한다. 식 (2.10)은 근사 상대오차(relative approximation error)를 나타낸 것으로써 현재 근사값에 대한 이전 근사값과의 백분율 상대 오차를 나타낸다.

$$e_a = \frac{|x_i - x_{i-1}|}{|x_i|} \times 100\%$$
(2.10)

여기서 x_i와 x_{i-1}은 각각 현재 근사값과 이전 근사값을 의미한다.

실제로 수치해석은 이전 근사값을 사용하여 현재 근사값을 얻고, 그 현재 근사값으로 다음 근사값을 얻는 방식으로 계속 반복해 나간다. 그리고 근사 상대 오차가 허용 오차 범위 내에 들어오면 반복을 중지한다. 즉 e_s를 허용 오차라 하면 다음의 조건을 만족해야 반복 계산을 중지하고, 현재 근사값을 최종 근사해로 추정한다.

$$|e_a| < e_s$$
(2.11)

예제 2.4

교각과 못의 길이를 측정하는 일을 수행하고 있다고 가정하자. 교각과 못이 각각 9999cm, 9cm로 측정되었는데 실제값이 10,000cm과 10cm라고 할 때 절대 오차 및 백분율 상대오차를 구하라.

풀이 (a) 식 (2.7)를 사용하여 교각과 못의 절대 오차를 구하면 다음과 같다.

교각의 경우 : $E_b = |10000 - 9999| = 1\,cm$

못의 경우 : $E_b = |10 - 9| = 1\,cm$

그리고 식 (2.9)를 사용하여 각각의 백분율 상대 오차를 계산하면 다음과 같다.

교각의 경우 : $E_r = \frac{|10000 - 9999|}{10000|} \times 100\% = 0.01\,\%$

못의 경우 : $E_r = \frac{|10 - 9|}{10} \times 100\% = 10\,\%$

교각과 못의 절대 오차는 모두 1cm이지만 백분율 상대 오차는 못의 경우가 훨씬 더 크다는 것을 알 수 있다. 따라서 교각은 측정하는 일은 잘 수행되었으나 못의 측정은 개선될 여지가 있다고 볼 수 있다.

1. 8비트 컴퓨터에서 10진법으로 나타낼 수 있는 정수의 범위를 구하라.

2. 10진수 49.317를 2진수로 변환하고, 4바이트에 표현하라. 얼마만큼의 반올림 오차가 발생하는가.

3. $f(x) = \dfrac{1}{1-3x^2}$ 의 도함수는 아래와 같다.

   $$\frac{6x}{(1-3x^2)^2}$$

   $x = 0.57$에서 버림하여 3자라와 4자리 연산으로 미분값을 구하고, 실제값과 비교하라.

4. $x = 0.1$일 때 다음의 연산식을 계산하고 실제값과 비교하라. 또한 오차를 줄이기 위해 다른 표현식으로 변환하여 계산한 후 실제값과 비교하라.

   $$\sqrt{x^2+1} - 1$$

5. 다음의 다항식으로 $x = 1.37$에서의 값을 계산하라. 단 세 자리에서 버림하고 백분율 상대 오차를 구하라.

   $$x^3 - 7x^2 + 8x - 0.35$$

   만일 위의 연산식을 $((x-7)x+8)x - 0.35$와 같이 변형한다면 오차는 얼마나 변하는지에 대해 설명하라.

6. 다음과 같은 $\sin x$의 테일러 급수 전개를 사용하여 $\sin(\frac{\pi}{6})$의 1차, 2차, 3차 근사값을 구하고 백분율 상대 오차를 구하라. $\sin(\frac{\pi}{6})$의 실제값은 0.5이다.

$$\sin x = x - \frac{x^3}{3!} + \frac{x^5}{5!} - \frac{x^7}{7!} + \cdots$$

7. 다음의 함수에서 $f(2)$를 계산하기 위해 $x = 1$을 기준점으로 하여 0차부터 3차까지의 테일러 급수를 사용하라. 그리고 각 근사값에 대한 백분율 상대 오차를 계산하라.

$$f(x) = 25x^3 - 6x^2 + 7x - 88$$

8. $x = 1$을 기준점으로 하여 0차부터 4차까지의 테일러 급수를 사용하여 $f(x) = \ln x$에서 $f(3)$을 구하고, 백분율 상대 오차를 계산하라.

9. 혹성의 공간 좌표를 구하기 위해 다음 식의 해를 구해야 한다.

$$f(x) = x - 1 - 0.5 \sin x$$

구간 $[0, \pi]$에서 기준점을 $x_i = \frac{\pi}{2}$라 하자. 주어진 구간에서 최대 오차가 0.015가 되는 가장 높은 차수의 테일러 급수 전개를 구하라. 여기서 오차는 주어진 함수값과 테일러 급수 전개로 얻은 값 차이의 절대값이다.

방정식의 해

대부분의 방정식은 $f(x) = 0$ 형태의 식을 만족하는 x의 값을 찾는 것이며, 함수 값이 0인 점을 찾는다 하여 영점 찾기(zero search)라고도 한다. 만일 $f(x)$가 1차 및 2차식이거나 다른 간단한 형태의 식이라면 손으로 직접 풀거나 해석적인 방법을 이용하여 근을 구할 수 있다. 그러나 고차식의 경우나 삼각함수, 지수, 로그 함수와 같이 여러 가지 비선형 함수가 섞인 복잡한 방정식은 해석적 방법으로는 잘 풀리지 않는 경우가 많다. 따라서 수치해석을 통해 실제 값에 가까운 근사값을 찾는 것은 매우 중요하다. 이 장에서는 단일 변수의 방정식 에서 하나의 실근을 구하기 위한 수치 해법들에 대해 살펴본다. 이 장의 내용은 이후 소개되는 다른 다양한 문제들을 해결하기 위한 기초가 될 것이다.

방정식의 해

3.1 그래프 이용법

방정식 $f(x) = 0$에 대한 근의 근사값을 구하기 위한 가장 간단한 방법은 함수를 그래프로 그려 x축과 만나는 점을 찾는 것이다. 예를 들어 $x\log(x) = 1$의 근을 구하기 위해 $\log(x) = \dfrac{1}{x}$로 변형한 후 $y = \log(x)$와 $y = \dfrac{1}{x}$의 그래프를 그려보면 [그림 3.1]과 같다.

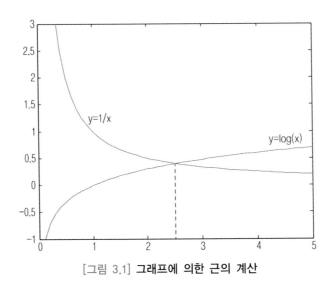

[그림 3.1] **그래프에 의한 근의 계산**

[그림 3.1]로부터 방정식을 만족하는 x의 값은 대략 2.5임을 알 수 있다. 그러나 이 방법은 그래프 그리기의 정확도에 따라 방정식의 근이 결정되므로 정확한 근을 구하기에는 적절하

지 못한 방법이라 볼 수 있다. 따라서 그래프를 그리지 않고 더욱 더 실제값에 가까운 해를 구하기 위해서는 여러 가지 시행 착오법(trial and error method)을 이용한 수치 해석적 방법을 이용할 수 있다.

일반적으로 방정식의 근을 구하는 수치적 방법으로는 초기 값의 유형에 따라 구간법과 개방법으로 나누어진다. 구간법은 해가 존재하는 초기 구간을 설정한 후 정해진 알고리즘에 따라 주어진 구간의 폭을 줄여가며 해를 찾아가는 방법이며, 이분법과 가위치법이 이에 속한다.

반면 개방법은 한 개 또는 그 이상의 초기 값을 가정한 후 이를 이용하여 주어진 알고리즘에 따라 반복적으로 해를 찾아가는 방법으로써, 고정점 반복법, Newton-Raphson법, 할선법이 대표적이다.

그러나 수치 해법으로 구해진 근이 실제값이 아니고 주어진 함수의 형태나 알고리즘의 선택에 따라 근이 아닌 해를 얻게 되는 경우도 있으므로 반드시 원식에 대입하여 검산을 하는 것이 바람직하다.

3.2 이분법

이분법(bisection method)은 [그림 3.2]와 같이 구간 (x_1, x_2) 위에서 연속인 함수 $f(x)$가 두 점 x_1과 x_2에서의 함수값 $f(x_1)$과 $f(x_2)$가 서로 다른 부호, 즉 $f(x_1)f(x_2) < 0$인 경우 중간값 정리에 의해 두 점 x_1과 x_2 사이에 $f(x_3) = 0$를 만족하는 점 x_3이 적어도 한 개 이상 존재한다는 사실을 이용한 것이다. 따라서 전체 구간을 식 (3.1)과 같이 이등분한 후

$$x_3 = \frac{x_1 + x_2}{2} \tag{3.1}$$

$f(x_3)$의 부호가 $f(x_1)$의 부호와 반대이면, 즉 $f(x_1)f(x_3) < 0$이면 근은 x_1과 x_3 사이에 있고, 그렇지 않으면 x_2와 x_3 사이에 존재한다. 따라서 근이 x_1과 x_3 사이에 있으면 점 x_1과 x_3 사이를 또 다시 이등분하여 근에 가까운 값 x_4를 구하고, 이를 반복하여

$x_5, \ \dots \ , \ x_n$을 구해 가다가 원하는 임계값(threshold)에 도달하면 이때의 x_m을 근으로 추정한다.

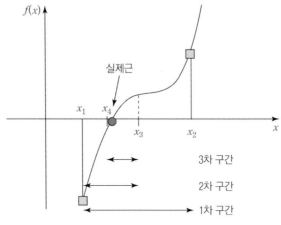

[그림 3.2] **이분법의 그래프적 이해**

이 책에서는 반복의 종료를 위한 임계값으로 식 (3.2)와 같이 백분율 상대 오차(relative error) E_r을 사용한다.

$$E_r = \frac{x^{now} - x^{old}}{x^{now}} \times 100\% \tag{3.2}$$

여기서 x^{now}는 현재의 반복 계산으로부터 구한 근이며, x^{old}는 이전의 반복 계산에서 구한 근을 의미한다. E_r이 미리 정의된 허용 오차보다 작으면 반복을 종료시킨다.

예제 3.1

구간 $(0,1)$에서 $f(x) = x^5 + 3x - 1 = 0$의 실근을 이분법을 이용하여 구하라. 단 허용 오차는 0.01%로 한다.

풀이 초기값을 $x_1 = 0$과 $x_2 = 1$로 가정하면, $f(0)f(1) = -3 < 0$이므로 근은 0과 1 사이에 존재한다. 따라서 식 (3.1)을 이용하여 x_3을 구하면 다음과 같다.

$$x_3 = \frac{x_1 + x_2}{2} = \frac{0+1}{2} = 0.5$$

또한 $f(0)f(0.5) = -0.5315 < 0$ 이므로 근은 0과 0.5 사이에 존재한다. 반복의 종료를 위해 허용 오차를 0.01%로 했을 때, 이러한 과정의 결과는 다음과 같다.

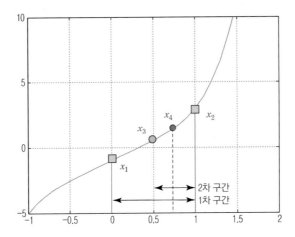

i(반복 횟수)	x_i	상대 오차(%)
0	0.0000	100
1	0.5000	100
2	0.2500	33.3333
3	0.3750	20
4	0.3125	9.0909
5	0.3438	4.7619
6	0.3281	2.3256
7	0.3359	1.1765
8	0.3320	0.5917
9	0.3301	0.2950
10	0.3311	0.1473
11	0.3315	0.0736
12	0.3318	0.0368
13	0.3319	0.0184
14	0.3320	0.0092

이 예제의 경우 14회의 반복을 거쳤을 때 실제값과 동일한 0.3320에 도달했음을 알 수 있다.

```
function root=bisection(func, x1, x2, threshold)
% x1, x2 : 초기 구간
% threshold : 반복 여부를 결정할 허용 오차(백분율 상대오차)
% root : 이분법에 의해 최종적으로 구해진 근의 근사값


if feval(func, x1)*feval(func, x2) > 0      % feval(func, x)는 함수 func에
                                            % x를 대입시 함수값을 반환하는
    disp('해는 이 구간에 없습니다.')          % MATLAB 함수
    return
end


rel_error=100.0 ; % 상대 오차의 초기값
x3=x1 ;
while(1)
    xold=x3 ;
    x3=(x1 + x2) / 2 ;      % 중간값 계산
    if x3 ~=0
        rel_error=abs((x3-xold) / x3)*100 ; % 상대 오차 계산
    end                                     % abs(x)는 x의 절대값을 계산
                                            % 하는 내장 함수
    if feval(func, x1)*feval(func, x3) < 0 % f(x1)과 f(x3)의 부호가 다르면
        x2= x3 ;                            % x3을 x2로 두고 동일 과정을 반복
    else                                    % f(x2)와 f(x3)의 부호가 다르면
        x1=x3 ;                             % x3을 x1로 두고 동일 과정을 반복
    end
    if rel_error <= threshold
        break ;
    end
end
root=x3 ;
```

```
% 주어진 함수를 정의한 M-파일

function f=func(x)
% 상미분 방정식의 정의
f=x^5 + 3*x - 1 ;
```

```
% 명령창에서 입력한 내용
>> x=bisection('func', 0, 1, 0.01)
>> x =
        0.3320
```

3.3 가위치법

가위치법(regular falsi method)은 수렴 속도가 느린 이분법의 단점을 개선한 것으로서, [그림 3.3]과 같이 구간 (x_1, x_2)에서 연속인 방정식의 두 점 $(x_1, f(x_1))$과 $(x_2, f(x_2))$을 잇는 직선을 그리고 직선과 x축이 만나는 교점 x_3을 새로운 근으로 추정한다.

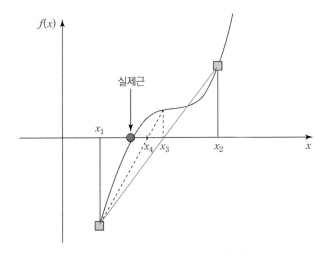

[그림 3.3] **가위치법의 그래프적 이해**

그리고 이분법과 마찬가지로 $f(x_1)f(x_3) < 0$ 또는 $f(x_3)f(x_2) < 0$인지 판단하여 해가 존재하는 구간을 (x_1, x_3) 또는 (x_3, x_2)로 설정하여 찾아가는 방식이다.

이제 x_3을 구하기 위한 수학적 공식을 유도해 보자. 두 점 $(x_1, f(x_1))$과 $(x_2, f(x_2))$을 직선 방정식은 아래와 같다.

$$y = \frac{f(x_2) - f(x_1)}{x_2 - x_1}(x - x_1) + f(x_1) \tag{3.3}$$

따라서 식 (3.3)이 x축과 만나는 점을 구하기 위해 $y = 0$이라 두면, 이를 만족하는 $x(= x_3)$는 식 (3.6)과 같다.

$$x_3 = x_2 - f(x_2)\frac{x_2 - x_1}{f(x_2) - f(x_1)} \tag{3.4}$$

이때 식 (3.4)로부터 구한 x_3을 이용하여 해가 존재하는 구간을 다시 설정하게 된다.

예제 3.2

구간 $(0,1)$에서 $f(x) = x^5 + 3x - 1 = 0$의 실근을 가위치법을 이용하여 구하라.

풀이 예제 3.1에서 구한 것과 같이 $f(0) = -1$, $f(1) = 3$이고, 이때 $f(0)f(1) < 0$이므로 근은 0과 1 사이에 존재함을 알 수 있다. 따라서 식 (3.4)에 의해 x_3을 구하면 다음과 같다.

$$x_3 = 1 - 3\left(\frac{1 - 0}{3 - (-1)}\right) = 0.25$$

$f(0.25) = -0.249$이고, 이때 $f(0)f(0.25) > 0$이고, $f(0.25)f(1) < 0$이므로 근이 0.25와 1 사이에 존재한다는 것을 알 수 있다. 따라서 0.25과 1을 초기 값으로 가정하고 임계치를 0.01%로 했을 때 이러한 과정들을 반복하면 다음의 결과를 얻게 된다.

i(반복 횟수)	x_i	상대 오차(%)
0	0.0000	100
1	0.2500	18.6950
2	0.3075	5.1942
3	0.3243	1.5881
4	0.3296	0.4993
5	0.3312	0.1584
6	0.3317	0.0504
7	0.3319	0.0160
8	0.3320	0.0051

실행 결과 14회의 수렴 속도를 가지는 이분법에 비해 8회의 반복 횟수로 수렴 속도가 상당히 개선되었음을 알 수 있다.

Program 3.2 ➡ 가위치법

```
function root=falsiposition(func, x1, x2, threshold)
% x1, x2 : 초기 구간
% threshold : 반복 여부를 결정할 허용 오차(백분율 상대 오차)
% root : 이분법에 의해 최종적으로 구해진 근의 근사값

if feval(func, x1)*feval(func, x2) > 0
        disp('해는 이 구간에 없습니다.')
        return
end
rel_error=100.0 ; % 상대 오차의 초기값
x3=x1 ;
while(1)
  xold=x3 ;
  x3=x2 - feval(func, x2)*(x2-x1)/(feval(func, x2) - feval(func, x1)) ;
  if x3 ~=0
      rel_error=abs((x3-xold) / x3)*100 ; % 백분율 상대 오차 계산
  end
```

```
        if feval(func, x1)*feval(func, x3) == 0
            break ;
        elseif feval(func, x1)*feval(func, x3) < 0
            x2=x3 ;
        else
            x1=x3 ;
        end
        if rel_error <= threshold
            break ;
        end
    end
    root=x3 ;
```

```
% 명령창에서 입력한 내용
>> x = falseposition('func', 0, 1, 0.01)
>> x = 0.3320
```

3.4 단순 고정점 반복법

고정점 반복법(fixed-point iteration)은 식 (3.5)와 같이 $f(x) = 0$에서 x를 방정식의 좌변에 오도록 변형한 후 좌변과 우변 두 개의 함수, 즉 $f_1(x) = g(x)$와 $f_2(x) = x$가 만나는 점을 구하여 해를 추정하는 방법이다.

$$x = g(x) \tag{3.5}$$

여기서 $g(x)$는 반복 함수(iteration function)라 하며, 두 함수의 교점을 고정점(fixed point)이라 한다. 이는 이전 계산 $g(x)$에서 얻은 x의 값을 이용하여 새로운 x값을 예측하게 됨을 의미한다. 따라서 초기값 x_i가 주어지면 주어진 허용 오차를 만족할 때까지 반복적으로 새로운 근사값 x_{i+1}을 계산한다. 이를 공식으로 표현하면 식 (3.6)과 같다.

$$x_{i+1} = g(x_i) \tag{3.6}$$

이제 그래프를 사용하여 고정점 반복법의 수렴과 발산 문제에 대해 살펴보자. [그림 3.4]는 식 (3.5)에 주어진 두 개의 함수 $f_1 = g(x)$와 $f_2 = x$의 가능한 두가지 형태를 나타낸 것이다. 이때 두 곡선이 교차하는 점이 구하고자 하는 근이 된다.

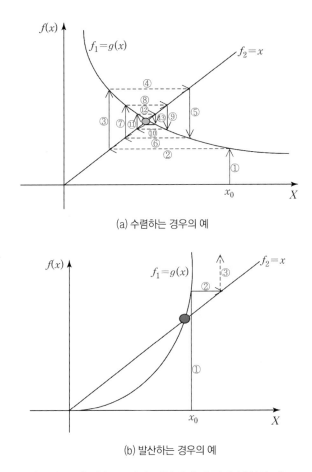

(a) 수렴하는 경우의 예

(b) 발산하는 경우의 예

[그림 3.4] **단순 고정점 반복법의 수렴과 발산의 예**

[그림 3.4(a)]는 ①, ②, ③, …의 과정을 반복하면서 고정된 해를 찾아가는 수렴의 경우를 보인 것이며, [그림 3.4(b)]는 초기값 x_0를 잘못 선택하여 해를 찾아가지 못하고 발산하는 경우를 보인 것이다. 이와 같이 고정점 반복법은 반복할 함수의 초기값을 어떻게 선택하느냐에 따라 수렴하거나 발산할 수 있음에 항상 주의해야 한다.

고정점 반복법을 이용하여 $f(x) = x^5 + 3x - 1$의 근을 구하라.

풀이 고정점 반복을 위해 $f(x) = x^5 + 3x - 1 = 0$에서 식 (3.6)의 형태로 변형하면 다음과 같다.

$$x_{i+1} = \frac{1 - x_i^5}{3}$$

초기값을 $x_0 = 0$으로 두고 2회 반복 계산을 하면 다음과 같다.

$$x_1 = \frac{1 - 0}{3} = 0.333$$
$$x_2 = \frac{1 - (0.333)^5}{3} = 0.3320$$

이를 상대 오차가 0.01%가 될 때까지 반복한 결과는 아래와 같다.

i(반복 횟수)	x_i	상대 오차(%)
0	0.0000	100
1	0.3333	0.4132
2	0.3320	0.0084

실행 결과 2회의 반복 계산만으로 실제값 0.3320에 도달하였다. 이는 초기 값을 실제값에 가까운 값으로 설정하였기 때문이며, 실제값과 차이가 큰 값으로 설정 시 수렴 속도는 달라질 수 있게 된다.

```
function root=fixpoint(func1, x0, threshold)
% x0 : 초기값
while(1)
   x=feval(func1, x0)
   rel_error=abs((x − x0)/x)*100 ;
   x0=x ;

   if(rel_error < threshold)
       break
   end
end
root=x0 ;
```

% 주어진 함수를 정의한 M-파일

```
function f=func(x)
% 상미분 방정식의 정의
f=(1-x^5)/3 ;    % x = \frac{1-x^5}{3} 으로 변형한 식에서 우변항만 작성
```

$x = \dfrac{1-x^5}{3}$

% 명령창에서 입력한 내용
```
>> x=fixpoint('func', 0, 0.01)
>> x=
       0.3320
```

3.5 Newton－Raphson법

Newton－Raphson법은 $f(x)=0$의 근을 구하기 위한 가장 효율적이고도 주로 사용되는 방법 중의 하나이다. 이 방법은 초기값 x_0이 주어졌을 때 점 $(x_0,\ f(x_0))$에 접하는 접선이 x축과 만나는 점을 새로운 근사해로 구하는 방법이다.

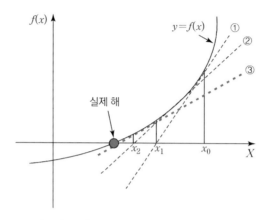

[그림 3.5] **Newton－Raphson법의 원리**

[그림 3.5]에서와 같이 초기값 x_0에 대응하는 점 $(x_0, f(x_0))$에서 함수 $f(x)$의 접선 방정식은 다음과 같다.

$$y = f'(x_0)(x - x_0) + f(x_0) \tag{3.7}$$

그리고 이 직선이 x축과 만나는 점 x_1은 식 (3.8)과 같다.

$$x_1 = x_0 - \frac{f(x_0)}{f'(x_0)}, \ \ f'(x_0) \neq 0 \tag{3.8}$$

또 다시 점$(x_1, f(x_1))$에서 함수 $f(x)$의 접선 방정식이 x축과 만나는 점을 x_2로 하는 과정을 반복하여 근사해를 구해 나가는 방법을 Newton-Raphson 방법이라 하며 다음과 같은 식을 반복한다.

$$x_{n+1} = x_n - \frac{f(x_n)}{f'(x_n)}, \, f'(x_n) \neq 0 \qquad (3.9)$$

Newton-Raphson 방법은 매우 빠른 수렴 속도를 보이나 1차 미분이 존재하지 않거나 구하기 어려운 경우에는 적용할 수 없다는 단점이 있다.

예제 3.4

Newton-Raphson법을 사용해서 $f(x) = x^5 + 3x - 1$의 근을 구하라.
초기값은 $x_0 = 0$으로 한다.

풀이 $f'(x) = 5x^4 + 3$이므로

$x_1 = x_0 - \dfrac{f(x_0)}{f'(x_0)} = 0 - \dfrac{-1}{3} = 0.3333$이 되며,

$x_2 = x_1 - \dfrac{f(x_1)}{f'(x_1)} = 0.3333 - \dfrac{0.0040}{3.0617} = 0.3320$이 된다.

이러한 과정을 상대 오차가 0.01%가 될 때까지 반복한 결과는 다음과 같다.

i(반복 횟수)	x_i	상대 오차(%)
0	0.0000	100
1	0.3333	0.4049
2	0.3320	6.5583×10^{-5}

이 방법은 반복 계산이 진행됨에 따라 고정점 반복법보다 훨씬 더 빨리 근에 수렴함을 알 수 있다.

```
function root=newton(func1, func2, x0, threshold)
% func1 : 입력 함수
% func2 : 입력에 대한 미분 함수

while(1)
   x=x0 − feval(func1, x0) / feval(func2, x0) ;
   rel_error=abs((x − x0)/x)*100 ;
   x0=x ;

   if(rel_error < threshold)
       break
   end
end
root=x0 ;
```

% 입력함수를 정의한 M-파일

```
function f=func1(x)
f= x^5+3*x-1 ;
```

% 1차 미분함수를 정의한 M-파일

```
function f=func2(x)
f= 5*x^4 + 3;
```

% 명령창에서 입력한 내용
```
>> x=newton('func1', 'func2', 0, 0.01)
>> x =
       0.3320
```

3.6 할선법

할선법(secant method)은 Newton-Raphson 방법의 단점을 보완하기 위해 가위치법을
수정한 방법으로써 해 근처에서 두 점 x_1, x_2의 함수 값 $f_1(x)$과 $f(x_2)$의 부호가 서로
반대일 필요없이 [그림 3.6]과 같이 두 점을 지나는 직선 중 할선을 그어 이 할선이 x축과
만나는 점 x_3을 새로운 해로 취한다.

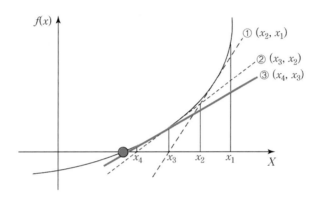

[그림 3.6] **할선법의 원리**

그리고 점 x_3과 x_2를 지나는 할선을 그어 x축과 만나는 점을 x_4로 취하고, 이러한 과정을
계속 반복해 나가면서 근사해를 구하게 된다.

이제 새로운 근 x_i를 구하기 위한 수학적 공식을 유도해보자. 앞 절에서도 설명한 바와
같이 두 점 $(x_{i-1}, f(x_{i-1}))$과 $(x_i, f(x_i))$를 지나는 직선의 방정식은 식 (3.10)과 같다.

$$y = \frac{f(x_i) - f(x_{i-1})}{x_i - x_{i-1}} \cdot (x - x_i) + f(x_i) \tag{3.10}$$

이 식과 x축이 만나는 점을 계산하기 위해 식(3.10)에서 $x = x_{i+1}$ 일 때 $y = 0$으로 두면
다음을 얻는다.

$$x_{i+1} = x_i - f(x_i) \frac{x_i - x_{i-1}}{f(x_i) - f(x_{i-1})} \tag{3.11}$$

이때 분모가 0이면, 즉 $f(x_i) - f(x_{i-1})$이 0인 경우 예측할 수 없는 근을 구하거나 근을 구할 수 없게 된다. 또한 Newton−Raphson법과 같이 초기값에 따라 반복 해가 발산할 수 있으므로 초기 값을 잘 선택해야 한다.

예제 3.5

할선법을 사용해서 $f(x) = x^5 + 3x - 1$의 근을 구하라. 초기값은 $x_0 = 0$, $x_1 = 1$, 허용 오차는 0.01%로 한다.

풀이 $x_0 = 0$, $x_1 = 1$이므로 $f(0) = -1$, $f(1) = 3$이다.
따라서 식 (3.11)로부터 다음을 얻는다.

$$x_2 = x_1 - f(x_1)\frac{x_1 - x_0}{f(x_1) - f(x_0)} = 1 - 3\frac{1-0}{3-(-1)} = 0.25$$

그리고 x_2와 x_1에 대해 동일한 과정을 반복하면 다음을 얻게 된다.

$$x_3 = x_2 - f(x_2)\frac{x_2 - x_1}{f(x_2) - f(x_1)} = 0.25 - (-0.249)\frac{0.25 - 1}{-0.249 - (3)} = 0.3075$$

상대 오차가 0.01%가 될 때까지 이러한 과정을 5회 반복한 결과는 다음과 같다.

i(반복 횟수)	x_i	상대 오차(%)
0	0.0000	100
1	0.2500	225.2199
2	0.3075	24.7359
3	0.3322	7.3811
4	0.3320	0.0526
5	0.3320	0.0001435

```
function root=secant(func, x1, x2, threshold)
while(1)
  xn=x2-feval(func, x2)*(x2-x1)/(feval(func, x2)-feval(func, x1)) ;
  if xn ~=0
      rel_error=abs((xn-x1)/xn)*100 ;
  end
  x1=x2 ;
  x2=xn ;

  if(rel_error < threshold)
      break ;
  end
end
root=x2 ;
```

응용 예제

[그림 3.6]은 저항(R), 인덕턴스(L), 커패시턴스(C)를 병렬로 연결한 회로를 나타낸 것이며, 키르히호프(Kirchoff) 법칙을 사용하여 임피던스를 계산하면 다음과 같다.

$$Z = \frac{1}{\sqrt{(\frac{1}{R})^2 + (\frac{1}{\omega L} - \omega C)^2}}$$

여기서 Z는 임피던스(Ω) ω는 각주파수(rad/s)이다. 초기 구간은 1과 1000으로 하고 이분법과 가위치법을 사용하여 임피던스가 100Ω 일 때의 ω를 구하라. $R=500\Omega$, $C=0.4\times10^{-6}F$, $L=2H$이며, 이때 실제 값 w는 약 50.9252이다.

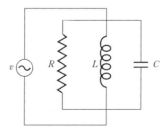

[그림 3.7] RLC 병렬 회로

풀이 $Z = \dfrac{1}{\sqrt{(\dfrac{1}{R})^2 + (\dfrac{1}{\omega L} - \omega C)^2}}$ 이므로

$$f(\omega) = Z - \frac{1}{\sqrt{(\dfrac{1}{R})^2 + (\dfrac{1}{\omega L} - \omega C)^2}} = 0,$$

즉 $f(\omega) = 100 - \dfrac{1}{\sqrt{(\dfrac{1}{500})^2 + (\dfrac{1}{\omega(2)} - \omega(0.4 \cdot 10^{-6}))^2}} = 0$ 이 되기 위한 ω를

구하면 된다.

(1) 먼저 이분법을 이용하여 풀어보자. 초기값이 $w_1 = 1,\ w_2 = 1000$ 일 때

$f(w_1) = 98.0000,\ f(w_2) = -399.3762$ 이 되므로 근은 1과 1000 사이에 존재한

다. 따라서 $x_3 = \dfrac{1 + 1000}{2} = 500.5000$ 이 되며, $f(w_3) = -364.3343$ 이다.

또한 $f(w_1) \cdot f(w_3) < 0,\ f(w_3) \cdot f(w_2) > 0$ 이므로 근은 1과 500.5000 사이

에 존재하게 되며, 새로운 근은 $x_4 = \dfrac{1 + 500.5000}{2} = 250.7500$ 이다.

임계치가 0.01이 될 때까지 이러한 과정을 반복하고 10회까지의 결과를 나타내

면 다음과 같다. 만일 임계치를 더 작게 하면 보다 더 정확한 해를 구할 수 있다.

i(반복 횟수)	w_i	상대 오차(%)
0	1.0000	98.0363
1	500.5000	882.8140
2	250.7500	392.3888
3	125.8750	147.1763
4	63.4345	24.5641
5	32.2188	36.7331
6	47.8281	6.0817
7	55.6328	9.2441
8	51.7305	1.5813
9	49.7793	2.2502
10	50.7549	0.3344

(2) 두 번째 방법으로 가위치법을 이용하여 풀어보자.

초기값이 $w_1 = 1$, $w_2 = 1000$ 일 때 $f(w_1) \cdot f(w_2) = f(1) \cdot f(1000) < 0$ 이므로 근은 1과 1000 사이에 존재한다. 따라서 다음 근은

$$x_3 = 1000 - (-399.3762)\frac{1000 - 1}{-399.3762 - 98} = 197.8369$$ 이며,

$f(w_3) = -216.3277$ 이다.

또한 $f(w_1) \cdot (w_3) < 0$, $f(w_3) \cdot f(w_2) > 0$ 이므로 근은 1과 197.8369 사이에 존재하게 되며, 새로운 근은 $x_4 = 62.3691$ 이다.

임계치가 0.01이 될 때까지 이러한 과정을 반복하고 5회까지의 결과를 나타내면 다음과 같다.

i(반복 횟수)	w_i	상대 오차(%)
0	1.0000	98.0363
1	197.8370	288.4855
2	62.3691	22.4720
3	51.3766	0.8864
4	50.9413	0.0316
5	50.9257	0.0009

이분법과 비교해 볼 때 보다 더 빨리 실제값에 수렴해가는 것을 알 수 있다.

MATLAB에는 단일 변수를 갖는 방정식의 실근을 구하는 내장 함수 fzero가 있다. fzero 함수는 신뢰적인 구간법과 빠른 개방법의 장점을 가지며 할선법과 역 2차 보간법을 조합한 것이다. fzero 함수의 사용 방법은 다음과 같다.

```
x=fzero('func', x0)
```

여기서 x0는 초기값을 의미하며, 함수 func의 근을 구한 후 x에 반환한다.

예를 들어 초기값을 0으로 두고 $f(x) = x^5 + 3x - 1$ 의 근을 구하고자 한다면 다음과 같이 입력한다.

```
>> fzero('x^5+3*x-1', 0)
ans =
      0.3320
```

보통 초기값 x0는 주어진 함수의 그래프를 먼저 그려본 후 사용자가 근의 값에 대충 접근하는 값을 지정하여 사용한다.

아래의 그림은 $f(x) = x^5 + 3x - 1$ 의 그래프를 도시한 것으로써 근의 대략적인 위치가 0에서 0.5 사이임을 추정할 수 있다. 따라서 초기값 x0를 0 또는 0.5로 설정하면 다른 초기값을 설정하는 것 보다 수렴 속도가 더 빨라질 것이다.

```
>> x=[-2:0.1:2];
>> y=x.^5 +3*x-1;
>> plot(x,y)
```

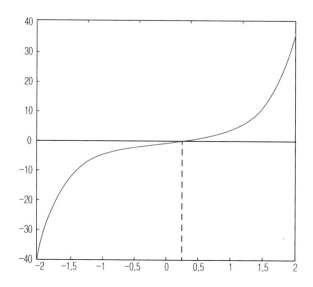

함수 fzero는 한 개의 실근을 구할 수는 있으나 복소값을 갖는 근이나 두 개 이상의 근을 구하지는 못한다. 반면 방정식의 모든 근을 구하고자 할 때 사용하는 함수는 roots이다.

```
x=roots(c)
```

여기서 c는 x 차수의 계수값을 내림 차순으로 입력한 행벡터이며, x는 방정식의 근으로
구성된 열벡터이다.

예를 들어 $f(x) = x^4 + 7x + 10$의 근을 찾아보자. 주어진 방정식에서 계수백터 c=[1
0 0 7 10]이므로 다음과 같이 입력한다.

```
>> x=roots([1 0 0 7 10])
>> x=
        1.3101 + 1.7470i
        1.3101 - 1.7470i
       -1.3101 + 0.6170i
       -1.3101 - 0.6170i
```

앞에서 살펴본 여러 가지 수치 해법(이분법, Newton-Rahpson법 등)이나 fzero 함수
는 단일 변수로 구성된 선형 방정식의 해를 구하기 위해 사용되므로, 다중 변수로 구성
된 비선형 연립 방정식의 해는 구할 수 없다. 따라서 MATLAB은 이를 위해 유용한 함
수 fsolve를 제공한다. 단, 이 함수는 최적화 툴박스(optimization toolbox)에 존재하는
함수이므로 이를 설치해야만 사용 가능하다.

```
fsolve('func', x0)
```

이는 초기값 x0에서 시작하여 비선형 연립 방정식 func의 해를 구하여 x에 반환한다.
func는 N×1의 열벡터로, 비선형 연립 방정식을 정의하는 M-파일이다. 예를 들어 다음
두 연립 방정식의 해를 구한다고 하자.

$$2x - y - e^{-x} = 0$$

$$-x + 2y - e^{-y} = 0$$

이때 연립 방정식을 M-파일에서 정의하면 아래와 같다.

```
function f=f1(x)  % f1.m
% 연립 방정식의 정의
f=[2*x(1)-x(2)-exp(-x(1));
   -x(1)+2*x(2)-exp(x(2)) ];
```

그리고 명령창에서 x와 y의 값을 초기화한 후 fsolve 함수를 실행시키면 된다.

```
>> x0=[-5 ;  -5]
>> x=fsolve('f1', x0)
x =
    0.3880
    0.4865
```

따라서 두 비선형 연립 방정식의 해는 0.3880과 0.4865이다.

1. 다음에 주어진 방정식의 실근을 초기값 $x_0 = 0$에 대하여 고정점 반복법을 2회 사용하여 구하라. 단 허용 오차는 0.01%까지 하라.

$$2e^x - x^3 + 3x^2 - 3x - 3 = 0$$

2. 다음에 주어진 방정식의 실근을 초기값 $x_0 = 0$에 대하여 Newton – Raphson법을 3회 사용하여 구하라.

$$e^x - \cos x + x^3 - 4x - 2 = 0$$

3. 다음의 방정식의 실근을 초기값 $x_0 = 0.5$에 대하여 할선법을 사용하여 구하라. 이때 허용 오차는 0.01% 까지 계산하라.

$$-\frac{1}{2}e^{2x} + \frac{1}{4}\cos\left(\frac{1}{2}x\right) - \frac{1}{4}x^3 - x^2 - \frac{9}{10}x$$

4. 다음에 주어진 방법들을 사용하여 아래의 방정식의 해를 구하고 실제값과 비교하라. 단 초기값은 $x_0 = 0$, 허용 오차는 0.01%까지 하라.

$$2x^3 - 3x - 4 = 0$$

① 이분법   ② 가위치법   ③ 고정점 반복법
④ Newton-Raphson 법   ⑤ 할선법

5. 전기회로에서 교류 전류가 $I = 9e^{-t}\sin(2\pi t)$라 할 때, $I = 3.5$ 가 되기 위한 t는 얼마인가? 단, 초기값 $t_0 = 1$로 둔다.

   (a) 고정점 반복법

   (b) Newton−Raphson법

6. 고정점 반복법을 이용하여 다음 방정식의 근을 구하라. 단, 초기값은 $x_0 = 50$이며, 상대오차가 $1E-4$가 될 때까지 반복하는 것으로 한다.

$$x^{1.4} - \sqrt{x} + 1/x - 100 = 0$$

이 결과를 MATLAB 함수 fzero를 이용하여 구한 결과와 비교하라.

7. 질량 m=20kg인 상자가 줄에 의해 당겨지고 있다. 상자를 움직이기 위해 필요한 힘은 다음과 같이 주어진다. 여기서 μ=0.45는 마찰 계수이며, g=9.81m/s²이다. 당기는 힘이 92N인 경우, 각 θ를 구하라. 단 radian이 아닌 degree 값을 구한다. radian에서 degree로의 변환식은 degree=radian*180/pi이다.

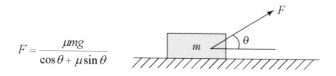

$$F = \frac{\mu m g}{\cos\theta + \mu\sin\theta}$$

① Newton−Raphson법 이용$(x_0 = \dfrac{\pi}{4})$

② MATLAB의 fzero 함수 이용$(x_0 = \dfrac{\pi}{4})$

8. 다음의 시스템 방정식을 x에 관한 단일 방정식으로 축소하고, Newton – Rahpson 방법을 이용하여 방정식을 푸시오. 단, 초기값은 $x_0 = 1$이며, 상대 오차가 $1E-4$가 될 때까지 반복하는 것으로 한다.

$$e^{x/10} - y = 0$$

$$2\log_e y - \cos x = 2$$

9. $f(x) = 5\sin(x)e^{-x} - 1$의 가장 작은 양의 근을 할선법을 이용하여 구하라. 초기값은 $x_0 = 0.3,\ x_1 = 0.4$이며, 상대 오차가 $1E-4$가 될 때까지 반복하는 것으로 한다.

10. RLC 직렬 회로에서 전체 임피던스는 $Z = \sqrt{R^2 + (\omega L - \dfrac{1}{\omega C})^2}$ 이다. R=100Ω, L= 0.5H, X=0.5μ F일 때 Z가 500Ω가 되기 위한 ω 는 얼마인지 구하라.

① Newton – Raphson법 이용($w_0 = 1$)
② MATLAB의 fzero 함수 이용($w_0 = 1$)

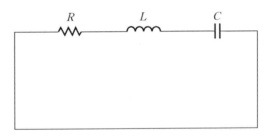

선형 연립 방정식의 해

자연과학이나 공학 문제들을 수학적으로 모델링하면 선형 연립 방정식으로 기술되는 경우가 많다. 연립 방정식의 미지수가 적으면 역행렬 또는 크래머 공식을 사용하여 해를 쉽게 구할 수 있으나, 방정식과 미지수의 개수가 많아지면 수치해석 방법을 이용해야 한다. 선형 연립 방정식의 수치 해법은 크게 직접적인 방법과 반복적인 방법으로 나눌 수 있으며, 직접 해법은 Gauss 소거법, Gauss Jordan 소거법, LU 분해법 등이 있고, 반복 해법은 Jacobi, Gauss-Seidel 방법 등이 있다. 이 장에서는 연립 방정식의 해를 구하기 위한 대표적인 수치 해법에 관해 살펴본다.

선형 연립 방정식의 해

4.1 선형 연립 방정식의 행렬 표현

선형 연립 방정식을 표현할 때 행렬을 사용하면 매우 간단해진다. 예를 들어 식 (4.1)과 같이 n개의 변수 x_1, x_2, ..., x_n을 갖는 m개의 선형 연립 방정식을 생각해 보자.

$$a_{11}x_1 + a_{12}x_2 + ... + a_{1n}x_n = b_1 \tag{4.1}$$

$$a_{21}x_1 + a_{22}x_2 + ... + a_{2n}x_n = b_2$$

$$\vdots$$

$$a_{m1}x_1 + a_{m2}x_2 + ... + a_{mn}x_n = b_m$$

이러한 연립 방정식은 식 (4.2)와 같이 행렬 형태로 표현할 수 있다.

$$\begin{bmatrix} a_{11} & a_{12} & ... & a_{1n} \\ a_{21} & a_{22} & ... & a_{2n} \\ \vdots & & & \vdots \\ a_{m1} & a_{m2} & ... & a_{mn} \end{bmatrix} \begin{bmatrix} x_1 \\ x_2 \\ \vdots \\ x_n \end{bmatrix} = \begin{bmatrix} b_1 \\ b_2 \\ \vdots \\ b_m \end{bmatrix} \tag{4.2}$$

또한 식 (4.2)를 간단한 행렬 방정식으로 나타내면 다음과 같다.

$$A\vec{x} = \vec{b} \tag{4.3}$$

여기서 A는 연립 방정식의 계수들을 원소로 가지는 $m \times n$ 계수 행렬을 나타낸다.

$$A = \begin{bmatrix} a_{11} & a_{12} & \dots & a_{1n} \\ a_{21} & a_{22} & \dots & a_{2n} \\ \vdots & & & \vdots \\ a_{m1} & a_{m2} & \dots & a_{mn} \end{bmatrix}$$

그리고 $\vec{x}$는 미지수를 나타내는 열벡터이며, $\vec{b}$는 상수를 원소로 가지는 열벡터이다.

$$\vec{x} = \begin{bmatrix} x_1 \\ x_2 \\ \vdots \\ x_n \end{bmatrix}, \ \vec{b} = \begin{bmatrix} b_1 \\ b_2 \\ \vdots \\ b_m \end{bmatrix}$$

미지수 x의 개수보다 방정식의 개수가 많은 경우, 즉 $m > n$일 때 이 시스템을 과결정시스템(overdetermined system)이라고 한다. 이에 대한 대표적인 예는 m개의 데이터 점 (x, y)을 n개의 계수를 갖는 방정식으로 나타내는 경우로써 최소제곱 회귀분석을 이용하여 근사해를 구하게 된다. 반대로 미지수보다 방정식의 개수가 작은 경우, 즉 $m < n$일 때 그 시스템을 부족결정시스템(underdetermined system)이라고 부르며, 수치적 최적화 문제를 사용함으로써 해를 구할 수 있다. 이 장에서는 미지수와 연립 방정식의 개수가 같은 경우에 대해서만 다루기로 한다.

4.2 Gauss 소거법

Gauss 소거법(Gaussian Elimination)은 미지수의 개수를 줄여 나가기 위해 선형 연립 방정식의 확대 행렬에 기본 행 연산을 적용하여 상삼각형 형태의 행렬로 바꾼 후 해를 구하는 방법이다. 여기서 확대 행렬(argument matrix)이란 선형 연립 방정식의 계수 행렬 A의 $n+1$번째 열에 상수 벡터 $\vec{b}$를 추가하여 만든 행렬 $[A \mid \vec{b}]$을 말한다. 또한 확대 행렬에 사용되는 기본 행 연산은 아래와 같다.

- 두 행의 위치를 서로 맞바꿀 수 있다. (행의 교환)
- 한 행에 0이 아닌 상수를 곱할 수 있다. (행의 상수배)
- 특정 미지수를 포함한 항의 계수가 0이 되도록 한 행에 임의의 상수 k를 곱하여 다른 식에 더하거나 뺄 수 있다. (행의 교체)

이러한 기본 행 연산은 연립 방정식의 해 집합을 바꾸지 않으므로, 기본 행 연산으로 방정식의 모양을 간단하게 바꾸면 해를 쉽게 구할 수 있다.

예를 들어 아래와 같이 미지수와 방정식이 모두 3개인 선형 연립 방정식이 주어졌다고 가정하자.

$$x + 3y - 2z = 5$$
$$2x + 4y + 3z = 8 \qquad (4.4)$$
$$3x + 5y + 6z = 7$$

먼저 주어진 연립 방정식의 확대 행렬을 구하면 다음과 같다.

$$\begin{bmatrix} 1 & 3 & -2 & 5 \\ 2 & 4 & 3 & 8 \\ 3 & 5 & 6 & 7 \end{bmatrix} \begin{matrix} \leftarrow R1 \\ \leftarrow R2 \\ \leftarrow R3 \end{matrix} \qquad (4.5)$$

계수 행렬 A에서 원소 a_{ii}를 피봇 계수(pivot coefficient)라고 하며, 식 (4.5)의 경우 세 개의 피봇 계수 1, 4, 6이 있다. 피봇 계수 a_{ii}와 기본 행 연산을 이용하면 피봇 계수 아래의 모든 원소를 0으로 만들 수 있으며, 이를 가우스 소거라고 한다. 먼저 첫 번째 행의 피봇 계수 1 아래의 원소 2를 0으로 만들기 위해 식 (4.5)의 첫 번째 행 R1에 2를 곱하고 두 번째 행에서 빼면 다음과 같다. (R2 ← R2 - R1 × 2)

$$\begin{bmatrix} 1 & 3 & -2 & 5 \\ 0 & -2 & 7 & -2 \\ 3 & 5 & 6 & 7 \end{bmatrix} \qquad (4.6)$$

이제 식 (4.6)의 3행의 첫 번째 열 원소 3을 0으로 만들기 위해, 첫 번째 행 R1에 3를 곱하고 세 번째 행 R3에서 빼면 다음과 같다. (R3 ← R3 − R1 × 3)

$$\begin{bmatrix} 1 & 3 & -2 & 5 \\ 0 & -2 & 7 & -2 \\ 0 & -4 & 12 & -8 \end{bmatrix} \begin{matrix} \leftarrow R1 \\ \leftarrow R2 \\ \leftarrow R3 \end{matrix} \tag{4.7}$$

마지막으로 2행 2열 피봇 계수인 −2 아래의 계수 −4를 0으로 만들기 위해 두 번째 행에 2를 곱하고, 세 번째 행에서 빼면 세 번째 행은 다음과 같다. (R3 ← R3 − R2 × 2)

$$\begin{bmatrix} 1 & 3 & -2 & 5 \\ 0 & -2 & 7 & -2 \\ 0 & 0 & -2 & -4 \end{bmatrix} \tag{4.8}$$

따라서 식 (4.8)의 행 사다리꼴 행렬에 대응되는 선형 연립 방정식은

$$x + 3y - 2z = 5$$
$$-2y + 7z = -2 \tag{4.9}$$
$$-2z = -4$$

가 되며 이 연립 방정식을 풀면 식 (4.9)의 세 번째 식으로부터 $z = 2$를 얻을 수 있고, 이 값을 두 번째 식에 대입하여 $y = 8$을, y, z을 첫 번째 식에 대입하여 $x = -15$을 구하게 된다.

이와 같이 Gauss 소거법은 미지수를 소거할 때에는 전진 방향이고, 값을 대입하여 구할 때는 후진 방향이므로 전진 소거 후진 대입법이라고도 한다.

Gauss 소거법을 이용하여 주어진 연립 방정식의 해를 구하시오.

$$2x + y + z = 5$$

$$4x - 6y \quad = -2$$

$$-2x + 7y + 2z = 9$$

풀이 먼저 확대 행렬을 만들고 행 연산을 하면서 상삼각 행렬로 만들면 다음과 같다.

$$\begin{bmatrix} 2 & 1 & 1 & 5 \\ 4 & -6 & 0 & -2 \\ -2 & 7 & 2 & 9 \end{bmatrix} \begin{matrix} \leftarrow \text{R1} \\ \leftarrow \text{R2} \\ \leftarrow \text{R3} \end{matrix}$$

$$\downarrow \quad \begin{matrix} \text{R2} \leftarrow \text{R1} \times 2 - \text{R2} \\ \text{R3} \leftarrow \text{R1} + \text{R3} \end{matrix}$$

$$\begin{bmatrix} 2 & 1 & 1 & 5 \\ 0 & 8 & 2 & 12 \\ 0 & 8 & 3 & 14 \end{bmatrix} \begin{matrix} \leftarrow \text{R1} \\ \leftarrow \text{R2} \\ \leftarrow \text{R3} \end{matrix}$$

$$\downarrow \quad \text{R3} \leftarrow \text{R2} - \text{R3}$$

$$\begin{bmatrix} 2 & 1 & 1 & 5 \\ 0 & 8 & 2 & 12 \\ 0 & 0 & -1 & -2 \end{bmatrix} \begin{matrix} \leftarrow \text{R1} \\ \leftarrow \text{R2} \\ \leftarrow \text{R3} \end{matrix}$$

따라서 후진 대입법을 사용하여 $z = 2,\ y = 1,\ x = 1$을 얻게 된다.

주의할 점은 모든 행렬에 대해 Gauss 소거법을 사용할 수 있는 것은 아니다. Gauss 소거법은 계수 행렬 A가 비특이 행렬(nonsingular matrix)한 경우만 가능하다. 즉 계수 행렬 A의 역행렬이 존재하는 경우에만 사용할 수 있다.

Program 4.1 ➡ Gauss 소거법

```
function x=gauss(A, b)
% A : 선형 연립방정식의 계수 행렬
% b : 상수 벡터(열벡터)
% x : 구하고자 하는 선형 연립방정식의 해(열벡터)

[m, n]=size(A);  k=length(b);   x=zeros(k, 1);

% 상삼각 행렬로 만듦
for i=1:m-1
  c=-A(i+1:m,i)/A(i,i) ;
  A(i+1:m, :)=A(i+1:m, :)+c * A(i, :) ;
  b(i+1:m, :)=b(i+1:m, :)+c * b(i, :) ;
end
x(m, :)=b(m, :) ./ A(m, m);

% 후진 대입법을 사용하여 근 x를 구함
for i=m-1: -1:1
  x(i, :)=(b(i, :)-A(i, i+1:m) * x(i+1:m, :)) ./ A(i, i);
end
```

4.3 Gauss-Jordan 소거법

Gauss 소거법에서는 단지 피봇 계수의 아래 원소만을 0으로 만들었지만, Gauss-Jordan 소거법은 피봇 계수 위쪽의 원소도 모두 0으로 만든다. 또한 피봇 계수를 모두 1로 변환하는 과정을 추가함으로써 각 방정식의 좌변에는 오직 하나의 미지수만 남도록 한다. 예를 들어 가우스 소거법에 의한 최종 식 (4.8)을 살펴보자.

$$\begin{bmatrix} 1 & 3 & -2 & 5 \\ 0 & -2 & 7 & -2 \\ 0 & 0 & -2 & -4 \end{bmatrix}$$

연산의 편의상 먼저 피봇 계수들을 1로 변환하기 위해 각 행의 원소들을 각각의 피봇 계수 1, −2, −2로 나누면 다음과 같다.

$$\begin{bmatrix} 1 & 3 & -2 & 5 \\ 0 & 1 & -\dfrac{7}{2} & 1 \\ 0 & 0 & 1 & 2 \end{bmatrix}$$

이제 피봇 계수들 위의 원소들을 0으로 만들기 위해 아래와 같이 기본 행 연산을 수행한다.

$$\begin{bmatrix} 1 & 3 & -2 & 5 \\ 0 & 1 & -\dfrac{7}{2} & 1 \\ 0 & 0 & 1 & 2 \end{bmatrix} \begin{matrix} \leftarrow R1 \\ \leftarrow R2 \\ \leftarrow R3 \end{matrix}$$

$$\downarrow \quad \begin{matrix} R1 \leftarrow R1 - 3 * R2 \\ R2 \leftarrow R2 + \dfrac{7}{2} * R3 \end{matrix}$$

$$\begin{bmatrix} 1 & 0 & \dfrac{17}{2} & 2 \\ 0 & 1 & 0 & 8 \\ 0 & 0 & 1 & 2 \end{bmatrix} \begin{matrix} \leftarrow R1 \\ \leftarrow R2 \\ \leftarrow R3 \end{matrix}$$

$$\downarrow \quad R1 \leftarrow R1 - \dfrac{17}{2} * R3$$

$$\begin{bmatrix} 1 & 0 & 0 & 15 \\ 0 & 1 & 0 & 8 \\ 0 & 0 & 1 & 2 \end{bmatrix}$$

따라서 $x = -15$, $y = 8$, $z = 2$가 된다.

Gauss-Jordan 소거법은 역행렬을 구하는데 주로 사용되며, 미지수의 개수가 방정식의 개수보다 많은 연립 방정식을 풀 때에도 사용된다.

[예제 4.1]에 주어진 연립 방정식의 해를 Gauss-Jordan 소거법을 이용하여 구하라.

풀이 [예제 4.1]의 최종 식에서 각 행의 피봇 성분들을 모두 1로 만들기 위해 피봇 계수들
로 나누고, 피봇 성분 위의 모든 요소들을 0으로 만들기 위한 기본 행 연산 과정은
다음과 같다.

$$\begin{bmatrix} 2 & 1 & 1 & 5 \\ 0 & 8 & 2 & 12 \\ 0 & 0 & -1 & -2 \end{bmatrix} \quad \begin{matrix} \leftarrow R1 \\ \leftarrow R2 \\ \leftarrow R3 \end{matrix}$$

$$\begin{matrix} R1 \leftarrow R1 \,/\, 2 \\ R2 \leftarrow R2 \,/\, 8 \\ R3 \leftarrow R3 \,/\, \text{-}1 \end{matrix}$$

$$\begin{bmatrix} 1 & \dfrac{1}{2} & \dfrac{1}{2} & \dfrac{5}{2} \\ 0 & 1 & \dfrac{1}{4} & \dfrac{3}{2} \\ 0 & 0 & 1 & 2 \end{bmatrix} \quad \begin{matrix} \leftarrow R1 \\ \\ \leftarrow R2 \\ \\ \leftarrow R3 \end{matrix}$$

$$\begin{matrix} R1 \leftarrow R1 - R2/2 \\ R2 \leftarrow R2 - R3/4 \end{matrix}$$

$$\begin{bmatrix} 1 & 0 & \dfrac{3}{8} & \dfrac{7}{4} \\ 0 & 1 & 0 & 1 \\ 0 & 0 & 1 & 2 \end{bmatrix} \quad \begin{matrix} \leftarrow R1 \\ \\ \leftarrow R2 \\ \leftarrow R3 \end{matrix}$$

$$R1 \leftarrow R1 - \dfrac{3}{8}R3$$

$$\begin{bmatrix} 1 & 0 & 0 & 1 \\ 0 & 1 & 0 & 1 \\ 0 & 0 & 1 & 2 \end{bmatrix}$$

따라서 각 방정식으로부터 $x = 1$, $y = 1$, $z = 2$의 해를 얻게 된다.

```
function x=Gauss_Jordan(A, b)

[m, n]=size(A);  k=length(b);   x=zeros(k,1);

% 상삼각 행렬로 만듦
for i=1:m-1
  c=-A(i+1:m, i)/A(i, i);
  A(i+1:m, :)=A(i+1:m, :)+c * A(i, :);
  b(i+1:m, :)=b(i+1:m, :)+c * b(i, :);
end

% 피봇 계수들을 모두 1로 만든 후, 피봇 계수의 상위 부분을 0으로 만듦
for i=1:m
   for j=i+1:n
     c=-A(i, j)/A(j, j);
     A(i, :)=A(i, :)+c * A(j, :);
     b(i, :)=b(i, :)+c * b(j, :);
   end
end

% 전진 대입법을 이용하여 근 x를 구함
for k=1:m
   x(k)=b(k) ./ A(k, k);
end
```

MATLAB은 선형 연립 방정식의 해를 구하기 위해 두 가지 직접적인 방법을 제공한
다. 첫 번째는 연립 방정식의 행렬 표현식 $A\vec{x}=\vec{b}$ (식 4.3)로부터 $\vec{x}=A^{-1}\vec{b}$ 이므로 역
행렬을 구하기 위한 내장 함수 inv를 사용하는 것이다. 예제 4.1의 경우를 예로 들어
보자.

```
% 역행렬 함수 inv를 사용한 선형 연립 방정식의 해 구하기
>> A=[2 1 1 ; 4 -6 0 ; -2 7 2] ;
>> b=[5 ; -2 ; 9]
>> x=inv(A)*b
x=
    1
    1
    2
```

두 번째 방법은 백슬래시 또는 "왼쪽 나눗셈"이라고 불리는 좌측 연산자 \ 를 사용하
는 것이다. 좌측 연산자는 역행렬과 행렬 곱 연산을 한꺼번에 수행하기 위한 단순화
된 연산자로써 역행렬 함수를 사용하는 것보다 훨씬 효율적이다.

```
% 왼쪽 나눗셈 연산자를 사용한 선형 연립 방정식의 해 구하기
>> A=[2 1 1 ; 4 -6 0 ; -2 7 2] ;
>> b=[5 ; -2 ; 9]
>> x=A \ b
x=
    1
    1
    2
```

4.4 LU 분해법

앞에서 설명한 Gauss 및 Gauss-Jordan 소거법은 많은 수의 미지수를 다뤄야 하는 경우 계산량이 많을 뿐만 아니라 $\vec{A}x = \vec{b}$에서 $\vec{A}$가 고정되고 $\vec{b}$만 변하는 경우 일일이 새로운 방정식을 풀어야 하는 번거로움이 있다.

반면 삼각 분해법(triangular matrix decomposition)은 연립 방정식의 계수 행렬 A를 상삼각 행렬(upper triangular matrix : U)과 하삼각 행렬(lower triangular matrix : L)의 곱으로 분해함으로써 $\vec{b}$가 변할지라도 이들 상삼각 행렬 U와 하삼각 행렬 L을 반복 이용해서 $\vec{x}$를 구할 수 있기 때문에 효율적으로 연립 방정식의 해를 구할 수 있다.

먼저 행렬의 삼각 분해법에 대해 살펴보자. 만일 행렬 A가 크기 $n \times n$의 정방 행렬(square matrix)이라면 하삼각 행렬 L과 상삼각 행렬 U의 곱의 형태로 나타낼 수 있다.

$$A = LU \tag{4.12}$$

여기서 L과 U는 다음과 같은 삼각 행렬 구조를 가진다.

$$L = \begin{bmatrix} 1 & 0 & 0 & \cdots & 0 \\ l_{21} & 1 & 0 & \cdots & 0 \\ l_{31} & l_{32} & 1 & \cdots & 0 \\ \vdots & \vdots & \vdots & \cdots & \vdots \\ l_{n1} & l_{n2} & l_{n3} & \cdots & 1 \end{bmatrix}, \quad U = \begin{bmatrix} u_{11} & u_{12} & u_{13} & \cdots & u_{1n} \\ 0 & u_{22} & u_{23} & \cdots & u_{2n} \\ 0 & 0 & u_{33} & \cdots & u_{3n} \\ \vdots & \vdots & \vdots & \cdots & \vdots \\ 0 & 0 & 0 & \cdots & u_{nn} \end{bmatrix} \tag{4.13}$$

따라서 $A = LU$를 식으로 표현하면 아래와 같다.

$$A = \begin{bmatrix} a_{11} & a_{12} & \cdots & a_{1n} \\ a_{21} & a_{22} & \cdots & a_{2n} \\ \vdots & \vdots & \cdots & \vdots \\ a_{n1} & a_{n2} & \cdots & a_{nn} \end{bmatrix} = \begin{bmatrix} u_{11} & u_{12} & \cdots & u_{1n} \\ l_{21}u_{11} & l_{21}u_{12}+u_{22} & \cdots & l_{21}u_{1n}+u_{2n} \\ \vdots & \vdots & \cdots & \vdots \\ l_{n1}u_{11} & l_{n1}u_{12}+l_{n2}u_{22} & \cdots & l_{n1}u_{1n}+l_{n2}u_{2n}+\cdots+u_{nn} \end{bmatrix} = LU \tag{4.14}$$

식 (4.14)에서 양변의 첫 번째 행의 원소들을 비교하면 다음과 같이 l_{i1}을 구할 수 있다.

$$u_{1j} = a_{1j}, \qquad 1 \le j \le n \tag{4.15}$$

다음으로 1열 원소들의 값을 비교하면 l_{i1}을 얻을 수 있다.

$$l_{i1} = \frac{a_{i1}}{u_{11}}, \quad 2 \le i \le n \tag{4.16}$$

이제 2행 원소들을 비교하면 u_{2j}의 식을 얻게 된다.

$$u_{2j} = a_{2j} - l_{21}u_{1j}, \quad j = 2 \le i \le n \tag{4.17}$$

그리고 2열 원소들을 비교하면 다음의 식을 얻을 수 있다.

$$l_{i2} = \frac{a_{i2} - l_{i1}u_{12}}{u_{22}}, \quad 3 \le j \le n \tag{4.18}$$

이러한 과정들을 계속적으로 반복해 나가면 아래와 같이 상삼각 및 하삼각 행렬의 원소들을 구하는 식 (4.19)를 얻을 수 있다.

$$
\begin{aligned}
&u_{1j} = a_{1j} && (1 \le j \le n) \\
&l_{i1} = \frac{a_{i1}}{u_{11}} && (2 \le i \le n) \\
&u_{ij} = a_{ij} - \sum_{k=1}^{i-1} l_{ik}u_{kj} && (2 \le i \le n, \ i \le j \le n) \\
&l_{ij} = \frac{1}{u_{jj}}\left(a_{ij} - \sum_{k=1}^{j-1} l_{ik}u_{kj}\right) && (2 \le j \le n, \ j < i \le n)
\end{aligned}
\tag{4.19}
$$

이제 삼각 분해법을 이용하여 선형 연립 방정식의 해를 구하는 과정에 대해 살펴보자.

선형 연립 방정식을 행렬 형태로 표현한 식 $A\vec{x}=\vec{b}$에서 행렬 A를 L과 U로 삼각 분해하면 다음과 같은 식으로 표현할 수 있다.

$$LU\vec{x}=\vec{b} \tag{4.20}$$

위의 식 (4.20)은 다음의 두 식을 결합한 것으로 나타낼 수 있다.

$$\vec{y}=U\vec{x} \tag{4.21}$$
$$L\vec{y}=\vec{b} \tag{4.22}$$

식 (4.22)를 살펴보면 다음과 같다.

$$L\vec{y}=b \Leftrightarrow \begin{bmatrix} 1 & 0 & \cdots & 0 \\ l_{21} & 1 & \cdots & 0 \\ \vdots & \vdots & \cdots & \vdots \\ l_{n1} & l_{n2} & \cdots & 1 \end{bmatrix} \begin{bmatrix} y_1 \\ y_2 \\ \vdots \\ y_n \end{bmatrix} = \begin{bmatrix} b_1 \\ b_2 \\ \vdots \\ b_n \end{bmatrix}$$

이 식은 전진 소거법을 사용하여 앞에서부터 풀어보면 다음의 결과를 얻을 수 있다.

$$\begin{aligned} y_1 &= b_1 \\ y_2 &= b_2 - l_{21}y_1 \\ y_3 &= b_3 - l_{31}y_1 - l_{32}y_2 \\ &\vdots \\ y_n &= b_n - l_{n1}y_1 - l_{n2}y_2 - \cdots - l_{n,n-1}y_{n-1} \end{aligned} \tag{4.23}$$

결국 $\vec{y}$는 L과 $\vec{b}$의 원소 값을 사용하여 다음과 같이 구할 수 있다.

$$y_i = b_i - \sum_{j=1}^{i-1} l_{ij}y_j, \qquad 1 \le i \le n \tag{4.24}$$

이제 $\vec{y}$와 U를 사용하여 원하는 벡터 $\vec{x}$를 계산할 수 있다.

다음으로 식(4.21)을 살펴보면 다음과 같다.

$$Ux = y \Leftrightarrow \begin{bmatrix} u_{11} & u_{12} & \cdots & u_{1n} \\ 0 & u_{22} & \cdots & u_{2n} \\ \vdots & \vdots & \cdots & \vdots \\ 0 & 0 & \cdots & u_{nn} \end{bmatrix} \begin{bmatrix} x_1 \\ x_2 \\ \vdots \\ x_n \end{bmatrix} = \begin{bmatrix} y_1 \\ y_2 \\ \vdots \\ y_n \end{bmatrix} \tag{4.25}$$

상기 식을 후진 대입법(backward substitution)을 사용하여 풀면 $\vec{x}$는 행렬 U와 $\vec{y}$의 원소 값을 사용하여 다음과 같이 구할 수 있다.

$$x_n = \frac{1}{u_{nn}} y_n \tag{4.26}$$

$$x_i = \frac{1}{u_{ii}} \left(y_i - \sum_{j=i+1}^{n} u_{ij} x_j \right), \quad 1 \le i \le n-1 \tag{4.27}$$

예제 4.3

다음에 주어진 연립 방정식의 해를 삼각 분해법을 이용하여 구하라.

$$3x_1 - 4x_2 + 5x_3 = -1$$

$$-3x_1 + 2x_2 + x_3 = 1$$

$$6x_1 + 8x_2 - x_3 = 35$$

풀이 주어진 연립 방정식을 행렬 형태로 표현하면 아래와 같다.

$$\begin{bmatrix} 3 & -4 & 5 \\ -3 & 2 & 1 \\ 6 & 8 & -1 \end{bmatrix} \begin{bmatrix} x_1 \\ x_2 \\ x_3 \end{bmatrix} = \begin{bmatrix} -1 \\ 1 \\ 35 \end{bmatrix}$$

식 (4.19)로부터 계수 행렬 A를 삼각 분해하면

$u_{11} = a_{11} = 3, \ u_{12} = a_{12} = -4, \ u_{13} = a_{13} = 5$

$l_{21} = \dfrac{a_{21}}{a_{11}} = \dfrac{-3}{3} = -1, \ l_{31} = \dfrac{a_{31}}{a_{11}} = \dfrac{6}{3} = 2$

$$u_{22} = a_{22} - \sum_{k=1}^{1} l_{2k} u_{k2} = a_{22} - l_{21} u_{12} = 2 + 1(-4) = -2$$

$$u_{23} = a_{23} - \sum_{k=1}^{1} l_{2k} u_{k3} = a_{23} - l_{21} u_{13} = 1 - (-1)5 = 6$$

$$l_{32} = \frac{1}{u_{22}} \left(a_{32} - \sum_{k=1}^{1} l_{3k} u_{k2} \right) = \frac{1}{u_{22}} (a_{32} - l_{31} u_{12}) = \frac{1}{-2}(8 - 2(-4)) = -8$$

$$u_{33} = a_{33} - \sum_{k=1}^{2} l_{3k} u_{k3} = a_{33} - (l_{31} u_{13} + l_{32} u_{23}) = -1 - [(2)(5) + (-8)(6)] = 37$$

위와 같으므로, 다음을 얻을 수 있다.

$$L = \begin{bmatrix} 1 & 0 & 0 \\ -1 & 1 & 0 \\ 2 & -8 & 1 \end{bmatrix}, \ U = \begin{bmatrix} 3 & -4 & 5 \\ 0 & -2 & 6 \\ 0 & 0 & 37 \end{bmatrix}$$

따라서 $Ly = b$에 전진 대입을 적용하여 y를 구하면, $y = \begin{bmatrix} -1 \\ 0 \\ 37 \end{bmatrix}$ 가 되고, $Ux = y$에

대입한 후 후진 대입법을 사용하여 $x = \begin{bmatrix} 2 \\ 3 \\ 1 \end{bmatrix}$ 의 근을 얻게 된다.

행렬의 삼각 분해를 위해 MATLAB은 내장 함수 lu를 제공한다. lu는 위에서 설명한 방법과는 약간 다른 Doolottle 법을 이용하여 삼각 분해를 수행한다. 예제 4.3의 예를 살펴보자.

```
>> A=[3  -4  5; -3  2  1; 6  8  -1];b=[-1; 1; 35];
>> [L, U]=lu(A)
L =
    0.5000    1.0000         0
   -0.5000   -0.7500    1.0000
    1.0000         0         0

U =
    6.0000    8.0000   -1.0000
         0   -8.0000    5.5000
         0         0    4.6250
```

함수 lu는 L과 U에 각각 하삼각 및 상삼각 행렬을 반환한다. 따라서 $Ly = b$ 에서 $y = L^{-1}b$ 이므로 좌측 연산자를 이용하면 z 를 구할 수 있다.

```
>> y=L \ b
y =
   35.0000
  -18.5000
    4.6250
```

또한 $Ux = y$, 즉 $x = U^{-1}y$ 이므로 아래와 같이 연립 방정식의 최종 해 x 를 구할 수 있다.

```
>> x=U \ y
x =
    2
    3
    1
```

4.5 Gauss-Seidal 반복법

4.4절에서 설명한 Gauss-Jordan 방법은 연립 방정식의 개수가 수십 개인 작은 선형 연립 방정식에서 매우 정확한 해를 제공한다. 반면 미지수가 수백 개에서 수천 개 이상인 경우 산술 연산의 횟수가 많아 계산 시간이 많이 소요되고, 개별 연산에서 발생하는 오차가 누적되어 더욱더 부정확한 해를 구하게 된다.

반복 계산법은 이러한 문제점을 보완하기 위한 방법으로써, 초기 해를 임의로 가정한 후 다음 단계에서 이전 해를 사용하여 더 나은 해를 구성하고, 이를 반복적으로 수행함으로써 보다 정확한 해에 접근해 나가는 것이다. 이때 이전 해와 다음 해의 허용 오차를 조절함으로써 산술 연산의 수를 조절할 수 있으며, 이를 통해 실질적으로 오차가 적은 해를 빠르게 구할 수 있다. 이 절에서는 가장 보편적으로 사용되는 Gauss-Seidal 반복법에 대해 설명한다.

Gauss-Seidal 반복법은 연립 방정식에 대응하는 계수 행렬 A를 식 (4.28)과 같이 두 개의 삼각 행렬로 분해한다.

$$A = L_* + U \tag{4.28}$$

여기서 $L_* = \begin{bmatrix} a_{11} & 0 & \cdots & 0 \\ a_{21} & a_{22} & \cdots & 0 \\ \vdots & \vdots & \ddots & \vdots \\ a_{n1} & a_{n2} & \cdots & a_{nn} \end{bmatrix}$, $U = \begin{bmatrix} 0 & a_{12} & \cdots & a_{1n} \\ 0 & 0 & \cdots & a_{2n} \\ \vdots & \vdots & \ddots & \vdots \\ 0 & 0 & \cdots & 0 \end{bmatrix}$ 이다.

따라서 선형 연립 방정식을 행렬 형태로 표현한 식 $A\vec{x} = \vec{b}$은 $L_*\vec{x} = \vec{b} - U\vec{x}$로 표현 가능하며 다음과 같은 식이 성립한다.

$$\vec{x} = L_*^{-1}(\vec{b} - U\vec{x}) \tag{4.29}$$

Gauss-Seidal 반복법은 식 (4.29)의 우변에 있는 $\vec{x}$를 이전 해라 가정하고, 우측 식에 대입하여 다음 해인 좌측 $\vec{x}$를 구하는 방식으로 수치적 계산을 반복적으로 실행해 나간다. 이때 L, U는 삼각 행렬이므로 식 (4.29)를 다시 표현하면 다음과 같다.

$$x_i^{(k)} = \frac{1}{a_{ii}}\left(b_i - \sum_{j=1}^{i-1} a_{ij}x_j^{(k)} - \sum_{j=i+1}^{n} a_{ij}x_j^{(k-1)}\right) \tag{4.30}$$

식 (4.30)을 3×3 연립 방정식에 적용하면 x_1, x_2, x_3를 구하기 위해 다음과 같이 변형할 수 있다.

$$x_1^{(k)} = \frac{1}{a_{11}}\left(b_1 - a_{12}x_2^{(k-1)} - a_{13}x_3^{(k-1)}\right) \tag{4.31}$$

$$x_2^{(k)} = \frac{1}{a_{22}}\left(b_2 - a_{21}x_1^{(k)} - a_{23}x_3^{(k-1)}\right) \tag{4.32}$$

$$x_3^{(k)} = \frac{1}{a_{33}}\left(b_3 - a_{31}x_1^{(k)} - a_{32}x_2^{(k)}\right) \tag{4.33}$$

여기서 k와 $k-1$은 현재와 직전의 반복 단계를 의미한다. 반복 해를 구하는 첫 번째 단계는 초기값 $x_1^{(0)}$, $x_2^{(0)}$, $x_3^{(0)}$을 가정하는 것이다. 가장 간단한 방법 중의 하나는 모든 초기 값을 0으로 두는 것이며, 초기 값을 얼마로 두느냐에 따라 수렴 속도는 크게 달라지게 된다. 가정한 초기 값들을 식 (4.31)에 대입하면 새로운 x_1을 얻을 수 있으며, 초기 값과 새로운 x_1을 식 (4.32)에 대입함으로써 새로운 x_2를, 다시 식 (4.33)에 대입하여 새로운 x_3을 산출하게 된다. 이러한 과정을 반복하되 모든 수치해가 기준 오차 ϵ_s을 만족하면 수렴된 것으로 보고 반복을 중지한다. 기준 오차는 일반적으로 다음과 같은 백분율 상대오차를 사용한다.

$$\left(\epsilon_i = \left|\frac{x_i^j - x_i^{j-1}}{x_i^j}\right| \times 100\,[\%]\right) \leq \epsilon_s \tag{4.34}$$

아래에 주어진 연립 방정식의 해를 Gauss-Sedial 반복법을 이용하여 구하라. 단 기준 오차는 5%로 한다.

$$4x_1 - x_2 - 2x_3 = 3$$
$$-2x_1 + 4x_2 - x_3 = 0.3$$
$$-x_1 - 2x_2 + 4x_3 = -0.8$$

풀이 초기값을 $x_1^{(0)} = 1$, $x_2^{(0)} = 1$, $x_3^{(0)} = 1$으로 가정하면,

$$x_1^{(1)} = \frac{1}{4}\left(3 + x_2^{(0)} + 2 \cdot x_3^{(0)}\right) = \frac{1}{4}(3 + 1 + 2 \cdot 1) = 1.5$$

$$x_2^{(1)} = \frac{1}{4}\left(0.3 + 2 \cdot x_1^{(1)} + x_3^{(0)}\right) = \frac{1}{4}(0.3 + 2 \cdot 1.5 + 1) = 1.075$$

$$x_3^{(1)} = \frac{1}{4}\left(-0.8 + x_1^{(1)} + 2 \cdot x_2^{(1)}\right) = \frac{1}{4}(-0.8 + 1.5 + 2 \cdot 1.075) = 0.7125$$

이러한 과정을 반복하게 되면 다음의 결과를 얻게 된다.

i(반복 횟수)	$x_1^{(n)}$	$x_2^{(n)}$	$x_3^{(n)}$
0	1	1	1
1	1.5000	1.075	0.7125
2	1.3750	0.9406	0.6141
3	1.2922	0.8746	0.5604
4	1.2488	0.8395	0.5320
5	1.2259	0.8209	0.5169

5회의 반복 결과, x_1는 1.2259, x_2는 0.8209, x_3은 0.5169로 수렴함을 알 수 있다. 실제 해는 $x_1 = 1.2$, $y = 0.8$, $x_3 = 0.5$로써 기준 오차가 작을수록 실제 해에 더 가까워지게 될 것이다.

```
function x=Gauss_Seidal(A, b, threshold)

[m,n]=size(A) ;
maxiter=10 ;   % 수렴을 위해 최대 반복 횟수를 설정

C=A ;
for i=1:n
  C(i,i)=0 ;
  x(i)=0 ;    % 근을 저장할 벡터(초기값을 모두 0으로 설정)
end              % 초기값을 1로 두면 예제 4.5의 결과를 얻을 수 있음
x=x' ;

% 주 대각 성분으로 계수 행렬 및 상수를 나눔
for i=1:n
  C(i,1:n)=C(i,1:n)/A(i,i);
  d(i)=b(i) / A(i,i);
end
iter=0;
while(1)
  xold=x ;
  for i=1:n
    x(i)=d(i)-C(i,:)*x   % 직전에 구한 x값을 이용하여 다음 근사값을 구함
    if x(i)~=0
      rel_error(i)=abs((x(i)-xold(i))/x(i))*100 ;
    end
  end
  iter=iter+1
  if max(rel_error) <= threshold | iter >= maxiter
    break ;
  end
end
```

```
>> A=[4  -1  -2; -2  4  -1; -1  -2  4] ;
>> b=[3;  0.3;  -0.8] ;
>> x=Gauss_Seidal(A, b, 5)
  x=
      1.2259
      0.8209
      0.5169
```

그림과 같이 세 개의 질량과 네 개의 스프링으로 구성된 시스템에서 각각의 질량에 대해 자유 물체도를 그린 후 운동 방정식 $\sum F_x = ma_x$를 적용하면 다음과 같은 미분 방정식을 얻을 수 있다.

$$\ddot{x}_1 + (\frac{k_1 + k_2}{m_1})x_1 - (\frac{k_2}{m_1})x_2 = 0$$

$$\ddot{x}_2 - (\frac{k_2}{m_2})x_1 + (\frac{k_2 + k_3}{m_2})x_2 - (\frac{k_3}{m_2})x_3 = 0$$

$$\ddot{x}_3 - (\frac{k_3}{m_3})x_2 + (\frac{k_3 + k_4}{m_3})x_3 = 0$$

여기서 $k_1 = k_4 = 10 N/m$, $k_2 = k_3 = 20 N/m$ 그리고 $m_1 = m_2 = m_3 = m_4 = 500g$ 이다. 이 세 방정식들을 행렬 표현으로 나타내어라. $x_1 = 0.05m$, $x_2 = 0.04m$, $x_3 = 0.03m$인 특정 시점에서 행렬 표현은 삼중 대각 행렬로 표시된다. MATLAB을 이용하여 각 질량의 가속도를 구하라.

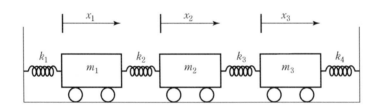

풀이 주어진 문제를 행렬 형태로 표현하면 다음과 같다.

$$\begin{bmatrix} \ddot{x}_1 \\ \ddot{x}_2 \\ \ddot{x}_3 \end{bmatrix} + \begin{bmatrix} \dfrac{k_1 + k_2}{m_1} & -\dfrac{k_2}{m_1} & 0 \\ -\dfrac{k_2}{m_2} & \dfrac{k_2 + K_3}{m_2} & -\dfrac{k_3}{m_2} \\ -\dfrac{k_3}{m_3} & 0 & \dfrac{k_3 + k_4}{m_3} \end{bmatrix} \begin{bmatrix} x_1 \\ x_2 \\ x_3 \end{bmatrix} = \begin{bmatrix} 0 \\ 0 \\ 0 \end{bmatrix}$$

이는 {가속도 벡터}＋{k/m 행렬}{변위 벡터}＝{0}과 같이 표현할 수 있다.
이제 위의 행렬 식에 주어진 각 파라메타의 값을 대입하면 아래와 같다.

$$\begin{bmatrix} \ddot{x}_1 \\ \ddot{x}_2 \\ \ddot{x}_3 \end{bmatrix} + \begin{bmatrix} \dfrac{30}{0.5} & -\dfrac{20}{0.5} & 0 \\ -\dfrac{20}{0.5} & \dfrac{40}{0.5} & -\dfrac{20}{0.5} \\ -\dfrac{20}{0.5} & 0 & \dfrac{30}{0.5} \end{bmatrix} \begin{bmatrix} 0.05 \\ 0.04 \\ 0.03 \end{bmatrix} = \begin{bmatrix} 0 \\ 0 \\ 0 \end{bmatrix}$$

따라서 MATLAB 명령어는 다음과 같이 입력한다.

```
>> km=[30/0.5 -20/0.5  0 ; -20/0.5 40/0.5  -20/0.5 ;
       -20/0.5  0  30/0.5];
>> x=[0.05 ; 0.04 ; 0.03];
>> accelator=-km*x
accelator=
-1.4000
0
0.2000
```

실행 결과 각 가속도 $\ddot{x}_1$, $\ddot{x}_2$, $\ddot{x}_3$의 값은 각각 −1.4, 0, 0.2임을 알 수 있다.

1. 다음의 선형 연립 방정식을 행렬 형태로 표현하라. 그리고 MATLAB의 역행렬 함수와 왼쪽 나눗셈 연산자를 이용하여 근을 구하고 그 결과를 비교하라.

$$x_1 + x_3 = 2$$
$$x_2 - x_3 = 1$$
$$2x_1 + 2x_2 + 3x_3 = 3$$

2. 다음에 주어진 방법을 이용하여 아래의 선형 연립 방정식의 해를 구하고, 결과가 같음을 확인하라.

$$2x_1 - x_2 = 3$$
$$-x_1 + 2x_2 - x_3 = -3$$
$$-x_2 + 2x_3 = 1$$

① Gauss 소거법

② Gauss Jordan 소거법

③ 삼각 분해법

3. 다음의 연립 방정식에 대해 Gauss-Seidel 반복법을 사용하여 백분율 상대오차가 5%보다 작은 해를 구하라.

$$\begin{bmatrix} 0.8 & -0.4 & 0 \\ -0.4 & 0.8 & -0.4 \\ 0 & -0.4 & 0.8 \end{bmatrix} \begin{bmatrix} x \\ y \\ z \end{bmatrix} = \begin{bmatrix} 41 \\ 25 \\ 105 \end{bmatrix}$$

4. Gauss−Seidal 반복법을 이용하여 다음의 연립 방정식의 해를 구하라. 초기값은 모두 0으로 가정하고, 백분율 상대오차는 $\epsilon_s = 5\%$로 한다.

$$6x_1 - 3x_2 + x_3 = 11$$
$$2x_1 + x_2 - 8x_3 = -15$$
$$x_1 - 7x_2 + x_3 = 10$$

5. 연습문제 5번을 초기값 (2, 2, −1)로 하여 다시 풀어라.

6. 다음의 회로망에서 각 폐회로에 흐르는 전류 i_1과 i_2를 구하라.

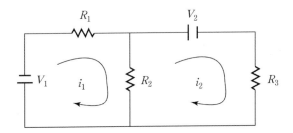

① Gauss 소거법

② 삼각 분해법

③ Gauss−Seidal 반복법 이용

7. $E = (1/(n+1))C$ 의 값을 생성하는 스크립트 M-파일을 작성하라. 여기서 C의 각 요소는 다음 식에 의해 결정된다.

$$\begin{aligned} c_{ij} &= i(n-i+1) & \text{if } i = j \\ &= c_{i,j-1} - i & \text{if } j > i \\ &= c_{ji} & \text{if } j < i \end{aligned}$$

$Ex = b$를 풀기 위해 생성된 E를 사용하라. 여기서 $b = [1:n]^T$이다.

(a) 연산자 ' \ '를 사용하라.

(b) MATLAB 내장 함수 lu를 사용하고, $Ux = y$와 $Ly = b$를 풀어라.

8. 수직으로 놓여진 세 질량이 모두 같은 용수철로 연결되어 있을 때, 그들의 정적 평형 위치는 다음의 방정식으로 기술될 수 있다.

$$\begin{aligned} k(x_2 - x_1) + m_1 g - k x_1 &= 0 \\ k(x_3 - x_2) + m_2 g - k(x_2 - x_1) &= 0 \\ m_3 g - k(x_3 - x_2) &= 0 \end{aligned}$$

여기서 $g = 9.81 m/s^2$, $m_1 = 2kg$, $m_2 = 3kg$, $m_3 = 2.5kg$ 그리고 $k = 10N/m$이다. MATLAB을 이용하여 변위 x를 구하라.

보간법

보간법이란 통계적 또는 실험적으로 구해진 데이터들로부터 주어진 데이터를 모두 만족하는 근사 함수를 구하고, 이 식을 이용하여 주어진 변수에 대한 함수 값을 구하는 일련의 과정을 의미한다. 보간법은 수치 미분, 수치 적분, 상미분 방정식 또는 편미분 방정식의 수치 해를 구하는 데 기본이 될 뿐만 아니라 원격 조정기나 로봇의 위치를 조절하는 제어 시스템 등 공학에서 중요한 개념이라 할 수 있다. 따라서 이 장에서는 여러 가지 보간법에 대해 설명한다.

보간법

5.1 선형 보간법

선형 보간법(linear interpolation)은 [그림 5.1]과 같이 두 점 A와 B를 지나는 근사식을 직선 식으로 구하는 것이다. 여기서 $f(x)$는 실제 함수의 곡선을 의미하며, $p(x)$는 주어진 두 점을 근사화 한 직선이다.

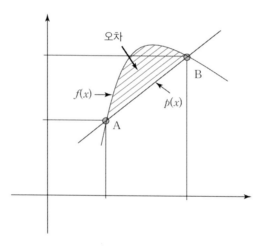

[그림 5.1] **선형 보간법**

임의의 두 점 $(x_0, f(x_0))$와 $(x_1, f(x_1))$을 지나는 직선 식은 다음과 같다.

$$p(x) = \frac{f(x_1) - f(x_0)}{x_1 - x_0}(x - x_0) + f(x_0) \tag{5.1}$$

따라서 임의의 x 값에 대한 보간 값은 식 (5.1)을 이용하여 근사적으로 구할 수 있다. 그러나 [그림 5.1]에서 보는 바와 같이 보간 값의 오차가 크다는 단점이 있다. 따라서 선형 보간법은 주로 데이터 점들 사이의 간격이 작거나 정밀 계산이 요구되지 않는 문제에서 사용된다.

예제 5.1

다음에 주어진 데이터로부터 선형 보간법을 이용하여 $e^{0.826}$의 값을 계산하라. 실제값은 약 2.284163787이다.

x	0.81	0.84	0.87	0.89
$f(x)$	2.247908	2.316367	2.386911	2.435130

풀이 구하고자 하는 x의 값 0.826은 주어진 데이터 점 가운데 0.81와 0.84 사이에 있다. 따라서 식 (5.1)을 이용하여 두 점 (0.81, 2.247908), (0.84, 2.316367)을 잇는 직선의 방정식을 구하면 다음과 같다.

$$p(0.826) = \frac{2.316367 - 2.247908}{0.84 - 0.81}(0.826 - 0.81) + 2.247908 = 2.284419467$$

이는 실제값과 비교해 볼 때

$$\frac{|2.284163787 - 2.284419467|}{2.284163787} \times 100\% = 0.01119\%$$의 오차를 가진다.

Program 5.1 ➡ 선형 보간법

```
function px=linear_interp(x, y, new_x)
% x, y : 주어진 데이터 벡터
% new_x : 보간을 필요로 하는 x의 값

m=length(x);
for i=1:m-1  %new-x가 속한 범위 구함
  if new_x >=x(i) && new_x < x(i+1)
    new_i = i;
```

```
    end
end

yf=y(new_i+1)-y(new_i);
xf=x(new_i+1)-x(new_i);
px=(yf/xf)*(new_x-x(new_i)*y(new_i)
```

```
>> x =[0.81  0.84  0.87  0.89];
>> y =[2.247908  2.316367  2.386911  2.435130];
>> px =linear_interp(x, y, 0.826)
    px =
        2.2844
```

5.2 Lagrange 보간법

선형 보간법보다 더욱 정확한 보간법은 주어진 데이터들을 통과하는 근사 함수를 직선이 아닌 고차 다항식으로 표현하는 다항식에 의한 보간법(polynomial interpolation)이다. 즉 [그림 5.2]와 같이 세 개의 점이 주어지면 세 점을 모두 지나는 2차 다항식으로, 네 개의 점이 주어지면 3차 이하의 다항식으로 표현하는 것이다.

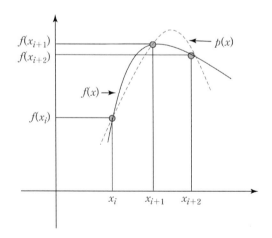

[그림 5.2] 세 점을 지나는 2차 다항식

Lagrange의 보간법은 다항식을 찾아내는 가장 보편적인 방법으로 보간 다항식은 다음과 같다.

$$p(x) = (x - x_0)(x - x_1)(x - x_2)L(x - x_n) \tag{5.2}$$

이때 근사 식 $p(x)$는 $x = x_0, x_1, x_2, \cdots, x_n$일 때 각각 0이 된다.

$p(x)$를 각각의 $p(x_i)$로 나눈 식을 다음과 같이 $g(x_i)$라 둔다. 단 나눌 때 $(x - x_i)$는 분모 및 분자에서 제외한다.

$$g_0(x) = \frac{(x - x_1)(x - x_2)L(x - x_n)}{(x_0 - x_1)(x_0 - x_2)L(x_0 - x_n)}$$

$$g_1(x) = \frac{(x - x_0)(x - x_2)L(x - x_n)}{(x_1 - x_0)(x_1 - x_2)L(x_1 - x_n)}$$

$$\vdots \tag{5.3}$$

$$g_i(x) = \frac{(x - x_0)(x - x_1)L(x - x_n)}{(x_i - x_0)(x_i - x_1)L(x_i - x_n)}$$

각각의 $g_i(x)$에 y_i를 곱하고, 이를 서로 더하면 그 합은 다음과 같다.

$$g(x) = g_0(x)y_0 + g_1(x)y_1 + \cdots + g_n(x)y_n \tag{5.4}$$

식 (5.4)에서 $g(x)$는 0과 n 사이의 모든 i에 대해 $g(x_i) = y_i$를 만족한다. 즉 $g(x)$는 모든 점을 지나는 다항식이 된다.

예제 5.2

다음의 표와 같이 네 개의 x 값과 이의 함수 값이 주어졌을 때, x=1.5에서의 근사 함수값을 Lagrange 보간법으로 구하라. 표의 함수 값은 $f(x) = \log x$에 해당한다.

x	$f(x)$
1	0.0
2	0.30103
3	0.47712
4	0.60206

풀이 식 (5.3)으로부터 다음을 얻는다.

$$g_0(1.5) = \frac{(1.5-2)(1.5-3)(1.5-4)}{(1-2)(1-3)(1-4)} = \frac{(-0.5)(-1.5)(-2.5)}{(-1)(-2)(-3)} = 0.3125$$

$$g_1(1.5) = \frac{(1.5-1)(1.5-3)(1.5-4)}{(2-1)(2-3)(2-4)} = \frac{(0.5)(-1.5)(-2.5)}{(1)(-1)(-2)} = 0.9375$$

$$g_0(1.5) = \frac{(1.5-1)(1.5-2)(1.5-4)}{(3-1)(3-2)(3-4)} = \frac{(0.5)(-0.5)(-2.5)}{(2)(1)(-1)} = -0.3125$$

$$g_3(1.5) = \frac{(1.5-1)(1.5-2)(1.5-3)}{(4-1)(4-2)(4-3)} = \frac{(0.5)(-0.5)(-1.5)}{(3)(2)(1)} = 0.0625$$

따라서 다음의 근사값을 얻을 수 있다.

$$g(x) = (0.3125)(0.0) + (0.9375)(0.30103) + (-0.3125)(047712) + (0.0625)(0.60206)$$
$$= 0.17074$$

이는 실제값 $\log(1.5) = 0.17609$ 과 비교시 약 3.04%의 백분율 상대 오차를 가진다.

Source Program 5.2 ➡ Lagrange 보간법

```
function inter=Lagrange_interpol(x, y, new_x)
% x, y : 주어진 데이터 벡터
% new_x : 보간을 필요로 하는 x의 값

n=length(x) ;
sum=0 ;
for i=1:n
  temp=y(i) ;
  for j=1:n
    if (i~=j),
        temp=temp*(new_x-x(j))/(x(i)-x(j)) ;
    end
  end
  sum=sum+temp ;
end
inter=sum ;
```

5.3 Newton 보간법

5.2.절에서 다룬 Lagrange 보간법은 하나의 보간을 위해 필요한 계산량이 많고, 데이터 수가 증가할 때 바로 직전의 결과를 사용하지 못하는 단점이 있다.

Newton 보간법은 Lagrange 보간법의 이러한 문제점을 해결하기 위한 방법으로써 기존 데이터를 기초로 차분표(diffrential table)를 구성하고, 이 차분표를 사용하여 보간 공식을 구한다. 또한 새로운 데이터가 추가되어도 그 차수를 늘리기 쉬운 장점이 있다.

Newton 보간법은 서로 다른 $(n+1)$개의 데이터 $(x_0, f(x_0))$, $(x_1, f(x_1))$, $\cdots$, $(x_n, f(x_n))$ 으로부터 n차 이하의 보간 다항식을 다음과 같이 두고 각 계수를 구하는 것이다.

$$p_n(x) = a_0 + a_1(x - x_0) + a_2(x - x_0)(x - x_1) + a_3(x - x_0)(x - x_1)(x - x_2)$$

$$+ \cdots + a_n(x - x_0)(x - x_1)(\cdots)(x - x_{n-1})$$

$$(5.5)$$

식 (5.5)에 $(n+1)$개의 데이터를 대입하면 다음의 관계를 만족한다.

$$p(x_0) = a_0 = f(x_0)$$

$$p(x_1) = a_0 + a_1(x_1 - x_0) = f(x_1)$$

$$p(x_0) = a_0 + a_1(x_2 - x_0) + a_2(x_2 - x_0)(x_2 - x_1) = f(x_2) \qquad (5.6)$$

$$\vdots$$

$$p(x_0) = a_0 + a_1(x_n - x_0) + a_2(x_n - x_0)(x_n - x_1)$$

$$+ \cdots + a_n(x_n - x_0)(\cdots)(x_n - x_{n-1}) = f(x_n)$$

이때 식 (5.6)으로부터 a_0이 구해지고, a_1은 a_0을 대입하여, 그리고 a_2는 a_0과 a_1을 대입하여 구할 수 있다. 이와 같이 전진 대입을 계속하면 식 (5.5)의 모든 계수값 a_0, a_1, a_2, $\cdots$, a_n을 구할 수 있다. 그러나 이러한 방법은 수식이 복잡하고 계산량이 많으므로 대개 차분법을 이용한다.

5.3.1 분할 차분법

분할 차분법은 일반적으로 주어진 데이터 x_0, x_1, $\cdots$, x_n이 등간격이 아닌 경우에 사용된다. 분할 차분의 정의는 다음과 같다.

$$f[x_i] = f(x_i)$$

$$f[x_i, \ x_j] = \frac{f[x_j] - f[x_i]}{x_j - x_i} = \frac{f(x_j) - f(x_i)}{x_j - x_i}$$

$$f[x_i, \ x_j, \ x_k] = \frac{f[x_j, \ x_k] - f[x_i, \ x_j]}{x_k - x_i} = \frac{\dfrac{f(x_k) - f(x_j)}{x_k - x_j} - \dfrac{f(x_k) - f(x_i)}{x_k - x_i}}{x_k - x_i} \quad (5.7)$$

$$\vdots \qquad\qquad \vdots \qquad\qquad \vdots$$

이를 일반화시켜 표현하면 다음과 같다.

$$f[x_0, x_1, \cdots, x_n] = \frac{f[x_1, x_2, \cdots, x_n] - f[x_0, x_1, \cdots, x_{n-1}]}{x_n - x_0} \quad (5.8)$$

분할 차분 기호를 사용하여 $p_n(x)$를 다시 표현하면 다음과 같다.

$$p_n(x) = a_0 + a_1(x - x_0) + a_2(x - x_0)(x - x_1) + a_3(x - x_0)(x - x_1)(x - x_2)$$
$$+ \cdots + a_n(x - x_0)(x - x_1)(\cdots)(x - x_{n-1}) \quad (5.9)$$

따라서 식 (5.5)의 보간식 $p_n(x)$을 분할 차분 형태로 표현하면 다음과 같다.

$$p_n(x) = f[x_0] + f[x_0, x_1](x - x_0)$$
$$+ f[x_0, x_1, x_2](x - x_0)(x - x_1) + \cdots$$
$$+ f[x_0, x_1, \cdots, x_n](x - x_0)(x - x_1)(\cdots)(x - x_{n-1}) \quad (5.10)$$
$$= \sum_{i=0}^{n} f[x_0, x_1, \cdots, x_i] \prod_{j=0}^{i-1}(x - x_j)$$

따라서 Newton의 보간식을 계산하려면 식(5.8)을 사용하여 먼저 [표 5.1]과 같은 분할 차분표를 작성하고 첫 번째 요소값을 계수값으로 사용한다.

[표 5.1] 분할 차분표

i	x_i	초기 상태	첫 번째	두 번째	세 번째	...
0	x_0	$f[x_0]$	$f[x_0, x_1]$	$f[x_0, x_1, x_2]$	$f[x_0, x_1, x_2, x_3]$	
1	x_1	$f[x_1]$	$f[x_1, x_2]$	$f[x_1, x_2, x_3]$	$f[x_1, x_2, x_3, x_4]$	...
2	x_2	$f[x_2]$	$f[x_2, x_3]$	$f[x_2, x_3, x_4]$	$\vdots$	...
3	x_3	$f[x_3]$	$f[x_3, x_4]$	$\vdots$		
4	x_4	$f[x_4]$	$\vdots$			
$\vdots$	$\vdots$	$\vdots$				

예제 5.3

다음의 데이터 표를 보고 $x = 2$일 때의 근사 함수값을 Newton의 분할 차분법을 이용하여 구하라.

x	$f(x)$
1	0
4	1.386294
6	1.791759

풀이 먼저 분할 차분표를 작성하면 다음의 표와 같다.

x_i	초기 상태	첫 번째	두 번째
1	0	(1.386294−0)/(4−1) = 0.4620981	(0.2027326−0.4620981)/(6−1) =0.0518731
4	1.386294		
6	1.791759	(1.791759−1.386294)/(6−4) =0.2027326	

따라서 $P_n(x) = 0 + 0.4620981(x-1) - 0.0518731(x-1)(x-4)$이므로 $x = 2$일 때 $p_n(2) = 0.5658445$ 이다.

Program 5.3 ➡ Newton의 분할 차분법

```
function inter=Newton_diff(x, y, new_x)
% x, y : 입력 데이터 벡터
% new_x : 보간을 필요로 하는 x

n=length(x) ;
b=zeros(n,n) ;
b( : ,1)=y( : )

% 분할 차분표 작성
for i= 2 : n
  for j=1:n−i+1
      b(j,i)=(b(j+1,i−1)−b(j,i−1)) / (x(i+j−1)−x(j)) ;
  end
end

product=1 ;
inter=b(1,1)  ;
for j=1:n−1
  product=product*(new_x−x(j)) ;
  inter=inter+product*b(1,j+1) ;
end
```

5.3.2 전향 차분법

Newton의 전향 차분법과 후향 차분법은 기본적인 원리는 분할 차분법과 동일하나, 주어진 데이터들이 등간격인 경우에 사용되는 보다 더 간략화된 방법이다. 전향 차분법은 점 x_0, x_1, x_2, …, x_n의 간격이 h로 일정한 경우 다음과 같이 표현할 수 있다.

$$x_i = x_0 + ih \tag{5.11}$$

여기에서

$$\triangle f(x) = f(x+h) - f(x)$$

$$\triangle^2 f(x) = \triangle(\triangle f(x)) = \triangle f(x+h) - \triangle f(x)$$

$$= f(x+2h) - 2f(x+h) + f(x)$$

$$\vdots \tag{5.12}$$

$$\triangle^n f(x) = \triangle(\triangle^{n-1} f(x)) = \triangle^{n-1} f(x+h) - \triangle^{n-1} f(x)$$

라 정의한다. 이때 $\triangle$를 전향 차분 요소라 하고, $\triangle f(x)$를 1계 전향 차분, $\triangle^2 f(x)$, $\triangle^n f(x)$를 각각 2계 및 n계 전향 차분이라고 한다. 차분상과 전향 차분과의 사이에는 다음의 관계가 성립한다.

$$f[x_0, x_1, \cdots, x_k] = \frac{\triangle^k f(x)}{k!h^k}, \, 1 \le k < n$$

따라서 x를 $x_0 + ah$로 치환하면 Newton의 보간식 (5.9)은 다음과 같이 변형될 수 있다.

$$p_n(x) = f(x_0) + \frac{\triangle f(x_0)}{h}(x-x_0) + \frac{\triangle^2 f(x_0)}{2!h^2}(x-x_0)(x-x_1) + \tag{5.13}$$

$$\cdots + \frac{\triangle^n f(x_0)}{n!h^n}(x-x_0)(x-x_1)(\cdots)(x-x_{n-1})$$

이 식을 Newton의 전향 차분 공식이라고 한다. 그러므로 [표 5.2]와 같은 전향 차분표를 작성하고 첫 번째 요소의 값을 계수값으로 사용하면 된다.

[표 5.2] **전향 차분표**

i	x_i	초기 상태	첫 번째	두 번째	세 번째	$\cdots$
0	x_0	$f[x_0]$	$\triangle^1 f(x_0)$	$\triangle^2 f(x_0)$	$\triangle^3 f(x_0)$	$\cdots$
1	x_1	$f[x_1]$	$\triangle^1 f(x_1)$	$\triangle^2 f(x_1)$	$\triangle^3 f(x_1)$	$\cdots$
2	x_2	$f[x_2]$	$\triangle^1 f(x_2)$	$\triangle^2 f(x_2)$		
3	x_3	$f[x_3]$	$\triangle^1 f(x_3)$			
4	x_4	$f[x_4]$	$\vdots$	$\vdots$	$\vdots$	
$\vdots$	$\vdots$	$\vdots$				

다음 표를 보고 $x = 1.5$일 때의 근사 함수값을 Newton의 전향 차분법을 이용하여 구하라.

x	$f(x)$
0	−10
1	−7
2	2
3	23

풀이 먼저 전향 차분표를 작성하면 다음과 같다.

x_i	초기 상태	첫 번째 ($\triangle f(x)$)	두 번째 ($\triangle^2 f(x)$)	세 번째 ($\triangle^3 f(x)$)
0	−10	−7−(−10)=3	9−3=6	12−6=6
1	−7	2−(−7)=9	21−9=12	
2	2	23−2=21		
3	23			

h=1, 즉 x의 간격이 1로 등간격이므로 구하는 보간 식은 다음과 같다.

$$p_n(x) = -10 + \frac{3}{1}(x-0) + \frac{6}{2! \cdot 1}(x-0)(x-1) + \frac{6}{3! \cdot 1}(x-0)(x-1)(x-2)$$
$$= x^3 + 2x - 10$$

그러므로 $x = 1.5$일 때 $p_n(1.5) = -3.625$ 이다.

Program 5.4 ⇒ Newton의 전향 차분법

```
function inter=Newton_bd(x, y, new_x)
% x, y : 입력 데이터 벡터
% new_x : 보간을 필요로 하는 x

h=x(2)-x(1);
n=length(x);
b=zeros(n,n);
b( : ,1)=y( : )
```

```
% 전향 차분표 작성
for i = 2 : n
  for j=1 : n−i+1
       b(j,i)=(b(j+1,i−1)−b(j,i−1)) ;
  end
end

product =1 ;
inter=b(1,1)  ;
for j=1 : n−1
  product=product/(h*j)*(new_x−x(j))
  inter=inter+product*b(1,j+1) ;
end
```

5.4 스플라인 보간법

Lagrange 보간법 및 Newton 보간법은 다항식의 차수가 높아짐에 따라 반올림 오차와 진동으로 인해 큰 오차를 초래할 수 있다. 이러한 문제점을 해결하기 위한 방법은 데이터 점들의 부분 집합에 저 차수의 다항식을 소구간 별로 적용하여 차례로 이어 나가는 것이다. 이 소구간 별 다항식을 스플라인(spline) 함수라고 하며 스플라인 함수를 이용하여 보간 함수를 구하는 문제를 스플라인 보간법이라고 한다.

특히 3차 스플라인 보간법은 실제로 가장 많이 사용되는 스플라인 보간법 중의 하나로써 두 개의 이웃한 데이터들 간에 3차 다항식을 사용한다.

일반적으로 두 점 $(x_i, f(x_i))$와 $(x_{i+1}, f(x_{i+1}))$를 지나는 i번째 소구간에 대한 3차식의 형태는 다음과 같다.

$$p(x) = d_i(x-x_i)^3 + c_i(x-x_i)^2 + b_i(x-x_i) + a_i \text{ (여기서, } x_i < x < x_{i+1}) \quad (5.14)$$

3차 다항식은 4개의 미지수가 있으므로 4개의 미지수가 결정하기 위해 아래와 같은 조건을 설정한다.

- 조건 1. 스플라인 함수 값은 전체 구간의 양 끝점을 제외한 내부 절점, 즉 $x_1, \cdots, x_{n-1}$에서 서로 같아야 한다.
- 조건 2. 스플라인 함수는 반드시 시작점 x_0와 끝점 x_n을 지나야 한다.
- 조건 3. 내부 절점 $x_1, \cdots, x_{n-1}$에서의 1차 도함수는 서로 같아야 한다.
- 조건 4. 내부 절점 $x_1, \cdots, x_{n-1}$에서의 2차 도함수는 서로 같아야 한다.
- 조건 5. 시작점 x_0와 끝점 x_n, 즉 양 끝 두점에서 2차 도함수는 0으로 가정한다.

먼저 식 (5.14)의 3차 스플라인 함수는 주어진 소구간의 양 끝점 $(x_i,\ f(x_i))$와 $(x_{i+1},\ f(x_{i+1}))$을 지나야 하므로 식 (5.14)에 대입하면 다음과 같다.

$$f(x_i) = a_i \tag{5.15}$$

$$f(x_{i+1}) = d_i(x_{i+1} - x_i)^3 + c_i(x_{i+1} - x_i)^2 + b_i(x_{i+1} - x_i) + a_i \tag{5.16}$$

$$= d_i h_i^3 + c_i h_i^2 + b_i h_i + a_i$$

여기서 $h_i = x_{i+1} - x_i$이다.

이제 식 (5.14)의 1차 미분 및 2차 미분을 구하면 각각 식 (5.17), 식 (5.18)과 같다.

$$p'(x) = 3d_i(x - x_i)^2 + 2c_i(x - x_i) + b_i \tag{5.17}$$

$$p''(x) = 6d_i(x - x_i) + 2c_i \tag{5.18}$$

또한 인접한 두 개의 구간 $[x_{i-1}, x_i]$, $[x_i, x_{i+1}]$의 1차 도함수 및 2차 도함수는 서로 같아야 하므로 식(5.17)과 식 (5.18)로부터 각각 아래의 식을 얻을 수 있다.

$$b_i = 3d_{i-1}(x_i - x_{i-1})^2 + 2c_{i-1}(x_i - x_{i-1}) + b_{i-1} \tag{5.19}$$

$$= 3d_{i-1}h_{i-1}^2 + 2c_{i-1}h_{i-1} + b_{i-1}, i = 2, 3, \cdots, n$$

$$2c_i = 2c_{i-1} + 6d_{i-1}(x - x_i), \, i = 2, 3, \cdots, n \tag{5.20}$$

여기서 식 (5.20)을 i값을 1부터 시작하여 다시 쓰면 다음과 같다.

$$c_{i+1} = c_i + 3d_i h_i, \, i = 1, 2, \cdots, n-1 \tag{5.21}$$

이 식으로부터 d_i를 구하면 다음과 같다.

$$d_i = \frac{c_{i+1} - c_i}{3h_i}, \, i = 1, 2, \cdots, n-1 \tag{5.22}$$

그리고 식 (5.22)를 (5.16)에 대입하고 b_i에 대해 정리하면 다음과 같다.

$$b_i = \frac{1}{h_i}(a_{i+1} - a_i) - \frac{h_i}{3}(c_{i+1} + 2c_i), \, i = 1, 2, \cdots, n-1 \tag{5.23}$$

또는

$$b_{i-1} = \frac{1}{h_{i-1}}(a_i - a_{i-1}) - \frac{h_{i-1}}{3}(c_i + 2c_{i-1}), \, i = 2, 3, \cdots, n \tag{5.24}$$

또한 식 (5.20)으로부터 d_{i-1}를 구한 후 식 (5.19)에 대입하여 b_i에 대해 정리하면 다음과 같다.

$$b_i = b_{i-1} + h_{i-1}(c_i + c_{i-1}), \, i = 2, 3, \cdots, n \tag{5.25}$$

이제 식 (5.23), 식 (5.24), 식 (5.25)를 결합하면 다음의 결과를 얻게 된다.

$$\begin{aligned}
h_{i-1}c_{i-1} &+ 2(h_i + h_{i-1})c_i + h_i c_{i+1} \\
&= \frac{3}{h_i}(a_{i+1} - a_i) - \frac{3}{h_{i-1}}(a_i - a_{i-1}) \\
&= 3\frac{f(x_{i+1}) - f(x_i)}{h_i} - 3\frac{f(x_i) - f(x_{i-1})}{h_{i-1}} \\
&= 3(f[x_{i+1} - x_i] - f[x_i - x_{i-1}]), \, i = 2, 3, \ldots n-1
\end{aligned} \tag{5.26}$$

여기서 $f[x_i\,,\,x_j] = \dfrac{f(x_i) - f(x_i)}{x_i - x_j}$ 이다.

식 (5.26)으로부터 양 끝점($i = 1,\ i = n$)을 제외한 $n - 2$개의 c_i에 관한 연립 방정식이 생기게 되므로 이를 연립하여 풀면 $n - 2$개의 c_i만 구할 수 있다.

이제 끝 두 점 x_0와 x_n에 대한 2차 미분값이 0이라는 가정을 사용하면 $c_1 = 0$, $c_n = 0$이 된다. 따라서 식 (5.26)을 행렬 형태로 표현하면 다음과 같은 삼중 대각 행렬의 형태를 가지는 선형 방정식이 된다.

$$
\begin{bmatrix}
1 & 0 & 0 & \cdot & \cdot & & \cdot & 0 \\
h_1 & 2(h_1 + h_2) & h_2 & \cdot & \cdot & & \cdot & 0 \\
0 & h_2 & & & \cdot & & \cdot \\
\cdot & \cdot & (h_2 + h_3) & & \cdot & & \cdot \\
\cdot & \cdot & & & \cdot & & \cdot \\
0 & 0 & & h_{n-2} & 2(h_{n-2} + h_{n-1}) & h_{n-1} \\
0 & 0 & \cdots & 0 & 0 & 1
\end{bmatrix}
\begin{bmatrix}
c_1 \\ c_2 \\ \vdots \\ c_{n-1} \\ c_n
\end{bmatrix}
\tag{5.27}
$$

$$
=
\begin{bmatrix}
0 \\
3(f[x_3\,,\,x_2] - f[x_2\,,\,x_1]\ ) \\
3(f[x_n\,,\,x_{n-1}] - (f[x_{n-1}\,,\,x_{n-2}])
\end{bmatrix}
$$

식 (5.27)로부터 c_i를 구하고 나면 나머지 미지수 a_i, b_i, d_i는 위에서 구한 식 (5.15), (5.22), (5.23)으로부터 구할 수 있다.

예제 5.5

다음의 데이터가 주어졌을 때 3차 자연 스플라인 보간법을 이용하여 x=5에서의 값을 계산하라.

x	$f(x)$
3.0	2.5
4.5	1.0
7.0	2.5
9.0	0.5

풀이 **먼저** 식 (5.27)에 적용하여 계수 c_i를 계산한다.

$$\begin{bmatrix} 1 & 0 & 0 & 0 \\ h_1 & 2(h_1+h_2) & h_2 & 0 \\ 0 & h_2 & 2(h_2+h_3) & h_3 \\ 0 & 0 & 0 & 1 \end{bmatrix} \begin{bmatrix} c_1 \\ c_2 \\ c_3 \\ c_4 \end{bmatrix} = \begin{bmatrix} 0 \\ 3(f[x_3,x_2]-f[x_2,x_1]) \\ 3(f[x_4,x_3]-f[x_3,x_2]) \\ 0 \end{bmatrix}$$

여기서 h_i, f_i를 구하면 다음과 같다.

$f_1 = 2.5$, $h_1 = 4.5 - 3.0 = 1.5$

$f_2 = 1.0$, $h_2 = 7.0 - 4.5 = 2.5$

$f_3 = 2.5$, $h_3 = 9.0 - 7.0 = 2.0$

$f_4 = 0.5$

그리고

$$f[x_3, x_2] = \frac{f_3 - f_2}{x_3 - x_2} = \frac{2.5 - 1}{7. - 4.5} = 0.6, \quad f[x_2, x_1] = \frac{1 - 2.5}{4.5 - 3} = -1,$$

$$f[x_4, x_3] = \frac{0.5 - 2.5}{9 - 7} = -1 \text{ 이다.}$$

따라서 위의 행렬식에 대입하면 다음과 같다.

$$\begin{bmatrix} 1 & 0 & 0 & 0 \\ 1.5 & 8 & 2.5 & 0 \\ 0 & 2.5 & 9 & 2 \\ 0 & 0 & 0 & 1 \end{bmatrix} \begin{bmatrix} c_1 \\ c_2 \\ c_3 \\ c_4 \end{bmatrix} = \begin{bmatrix} 0 \\ 4.8 \\ -4.8 \\ 0 \end{bmatrix}$$

이로부터 $c_1 = 0$, $c_2 = 0.839543726$, $s_3 = -0.766539924$, $c_4 = 0$이다.
또한 식 (5.15), (5.22), (5.23)으로부터 a_i, b_i와 d_i를 계산할 수 있다.
$b_1 = -1.419771863$, $b_2 = -0.160456274$, $b_3 = 0.022053232$,
$d_1 = 0.186565272$, $d_2 = -0.214144487$, $d_3 = 0.127756654$,
$a_1 = 2.5$, $a_1 = 1.0$, $a_3 = 2.5$

따라서 각 구간에 대해 3차 스플라인을 구하면 다음과 같다.

$$s_1(x) = 2.5 - 1.419771863(x-3) + 0.186565272(x-3)^3$$

$$s_2(x) = 1.0 - 0.160456274(x-4.5) + 0.839543726(x-4.5)^2$$
$$- 0.214144487(x-4.5)^3$$

$$s_3(x) = 2.5 + 0.022053232(x-7.0) - 0.766539924(x-7.0)^3$$
$$+ 0.127756654(x-7.0)^3$$

이 세 방정식은 각 구간 내의 값들을 보간하는데 사용될 수 있다. 즉 $x = 5$일 때 두 번째 구간에 포함되는 보간 값은 다음과 같다.

$$s_2(5) = 1.0 - 0.160456274(5-4.5) + 0.839543726(5-4.5)^2$$
$$- 0.214144487(5-4.5)^3 = 1.102889734$$

MATLAB은 소구간별 보간을 실행하는 여러 가지 내장 함수를 제공한다. 함수 spline은 3차 스플라인 보간을 수행하고, 함수 pchip은 소구간별 3차 Hermite 보간을 실행한다. 또한 함수 interp1은 스플라인과 Hermite 보간을 실행하지만 여러 가지 다른 유형의 소구간별 보간도 수행한다.

함수 spline의 사용 형식은 다음과 같다.

```
new_y = spline(x, y, new_x)
```

여기서 x, y는 주어진 데이터이며, new_x는 보간하고자 하는 x값, new_y는 new_x에서 의 3차 스플라인 보간 값을 의미한다.

또한 interp1의 사용 형식은 다음과 같다.

```
new_y=interp1(x, y, new_x, 'method')
```

여기서 'method'에 지정될 수 있는 보간법은 다음과 같다.

```
linear : 선형 보간법
pchip, cubic : 소구간별 3차 Hermite 보간법
spline : 소구간별 3차 스플라인 보간법(spline 함수와 동일한 값을 계산해 줌)
```

다음의 예를 살펴보자.

```
>> x=[1  2  2.5  3  4  5];
>> y=[1  5  7  8  2  1];
>> y_spline= spline(x, y, 2.3)
y_spline =
        6.2302

>> y_interp1= interp1(x, y, 2.3, 'spline')
y_interp1 =
        6.2302        % spline 함수의 사용 결과와 동일함을 알 수 있음
```

5.5 외삽법

외삽법이란 주어진 데이터 x_0, x_1, ⋯, x_n의 범위 밖에 위치한 임의의 점에 대한 함수값을 추정하는 것이다. 그러나 실제 값은 외삽법에 의해 구해진 예측 값과 상당히 다를 수 있다. 예를 들어 [그림 5.3]과 같이 세 점 $(x_1, f(x_1))$, $(x_2, f(x_2))$, $(x_3, f(x_3))$이 주어졌을 때 이로부터 2차 보간식 $y(x)$를 구했다고 가정하자. 이 때 실제값과 예측값은 상당히 다름을 알 수 있다. 따라서 외삽법을 이용할 때는 함수의 형태에 대해 세심한 주의를 기울여야 한다.

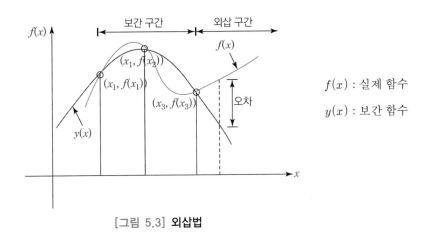

[그림 5.3] **외삽법**

다음의 예제를 살펴보자.

예제 5.6

함수 $f(x) = x^3 - 12x + 1$의 $x_0 = -4$, $x_1 = -2$, $x_2 = 0$에서의 값을 이용하여 Newton 2차 보간 다항식을 구하고 이를 이용하여 $x_3 = 10$에서의 보간 값을 구하라. 그리고 실제값과 비교하라.

풀이 먼저 주어진 x에서의 함수값 $f(x)$를 표에 나타내면 다음과 같다.

x	-4	-2	0
$f(x)$	-15	17	1

이들 데이터로부터 Newton 2차 보간 다항식을 구하면
$p_2(x) = -6x^2 - 20x + 1$이 된다. 따라서 $x = 10$일 때의 외삽 값은
$p_2(10) = -799$가 된다. 그러나 실제 함수값은 $f(10) = 881$이므로 실제값과 보간값은 많은 차이를 보인다. 이는 외삽법의 위험성을 잘 보여주는 예라 볼 수 있다. 아래의 그래프는 원함수와 2차 보간 함수를 그래프로 비교한 것이다.

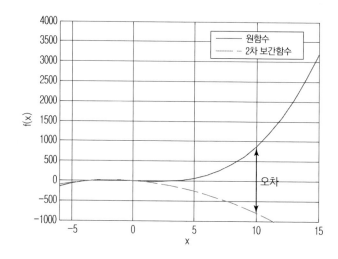

---

1. 다음의 표는 $f(x) = \tan x$에 대한 4개의 값을 나타낸 것이다. 이때 선형 보간법을 이용하여 $\tan(1.15)$의 값을 추정하고, 상대 오차를 구하라.

x	1	1.1	1.2	1.3
$\tan x$	1.5574	1.9648	2.5722	3.6021

2. 1번 문제에 대해 Lagrange 보간법을 이용하여 $\tan(1.15)$의 값을 추정하고, 결과를 비교하라.

3. 다음과 같은 데이터가 주어졌을 때, Lagrange 보간법을 이용하여 $f(3)$의 값을 근사화하라.

$$f(0) = 2,\ f(1) = 1,\ f(2) = 0,\ f(4) = 1$$

4. $f(x) = \sin\left(\dfrac{\pi x}{2}\right)$ 일 때 다음의 점 0, $\dfrac{1}{3}$에서 $(x_i, f(x_i))$를 만족하는 Lagrange 보간식을 구하고, $x = \dfrac{1}{3}$에서 실제값과 보간 값을 비교하라.

5. Newton의 분할 차분법을 이용하여 다음의 값들을 만족하는 최소의 차수인 다항식을 구하라.

x	$f(x)$	$f'(x)$	$f''(x)$
$x_0 = 1$	2	3	1.0
$x_0 = 2$	6	7	8

6. 다음의 표는 함수 $f(x) = \dfrac{1}{x}$에 대한 데이터 점들이다. 2차 스플라인 함수를 구하라.

x	1	2	3	4
y	1	$\dfrac{1}{2}$	$\dfrac{1}{3}$	$\dfrac{1}{4}$

7. 다음은 위성의 현재 위치인 높이와 각도 값을 나타낸 것이다.
Newton의 보간법을 이용하여 1000초일 때의 위성의 위치를 추적하라.

시간(sec)	0	300	600	900	1200
높이(m)	100	105	112	130	150
각도(°)	0	24	41	65	78

8. 열전대를 사용하여 온도를 측정하기 위해서는 먼저 그 열전대의 특성을 파악해야 한다.
이를 위해 다음과 같이 열전대의 온도에 따른 기전력 관계를 실험을 통해 구해 보았다.

온도(℃)	40	48	56	64	72	80
기전력(mV)	1.36	1.67	2.12	2.36	2.72	3.19

(a) 실험 데이터를 이용하여 그래프를 그려라.

(b) 3차 자연 스플라인 보간법을 이용하여 75℃에서의 기전력을 구하라.

9. 옴(Ohm)의 법칙은 이상적인 저항에서의 전압 강하 V와 저항 R을 통과하는 전류 i가 선형적으로 비례함을 의미하며, $V = iR$의 식으로 표현된다. 그러나 실제 저항은 항상 옴의 법칙을 따르지는 않는다. 어떤 저항에 대한 전압 강하와 전류를 측정하기 위해 다음의 표와 같이 매우 정확한 실험을 수행하였다고 가정하자.

i	0	-0.5	-0.25	0.25	0.5	1
V	-193	-41	-13.5625	13.5625	41	193

이 데이터를 5차 다항식으로 보간식을 구하고, $i = 0.1$에 대한 전압 V를 계산하라.

회귀분석

만일 통계 조사나 실험을 통해 얻은 데이터들의 신뢰도가 100%에 가깝다면, 보간법을 사용하여 각 데이터를 최대한 활용해야 한다. 그러나 데이터가 상당한 크기의 오차를 포함하거나 산재된 경우 데이터의 경향을 나타낼 수 있는 회귀분석을 통해 데이터의 통계적인 특성을 나타내는 함수를 구해야 한다. 이 장에서는 몇 가지 회귀분석 방법에 대해 설명한다.

회귀분석

6.1 직선에 대한 회귀분석

직선에 대한 회귀분석은 데이터 점들이 주어진 경우 [그림 6.1]과 같이 이 데이터 점들의 특성을 잘 표현하는 직선 식을 구하는 것이다.

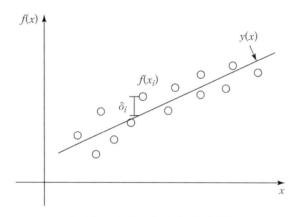

[그림 6.1] 직선에 대한 회귀분석

기울기가 a이고 y절편이 b인 직선 식은 다음과 같이 표현된다.

$$y(x) = ax + b \tag{6.1}$$

이때 측정치를 $f(x_i)$, 식 (6.1)에 의해 구해진 데이터 x_i에 대한 직선 근사값을 $y(x_i)$라 하면, 이들의 오차 δ_i를 최소로 하는 상수 a와 b를 결정하면 된다.

$$\delta_i = f(x_i) - p(x_i) = f(x_i) - (ax_i + b) \tag{6.2}$$

이를 위해 아래와 같이 오차 제곱의 합을 최소화 하는 최소 자승법(least square)이 널리 사용되고 있다.

$$S = \sum_{i=1}^{n} \delta_i^2 = \sum_{i=1}^{n} [f(x_i) - p(x_i)]^2 = \sum_{i=1}^{n} [f(x_i) - (ax_i + b)]^2 \tag{6.3}$$

이때 S를 최소화 하는 값들을 구하려면 S를 a와 b에 대해 각각 편미분한 값이 0이 되도록 하면 된다.

$$\frac{\partial S}{\partial b} = \sum_{i=1}^{n} [f(x_i) - (ax_i + b)](-1) = 0$$

$$\frac{\partial S}{\partial a} = \sum_{i=1}^{n} [f(x_i) - (ax_i + b)](-x_i) = 0$$

따라서 위의 식을 정리하면 다음과 같다.

$$nb + a\sum_{i=1}^{n} x_i = \sum_{i=1}^{n} f(x_i) \tag{6.4}$$

$$a\sum_{i=1}^{n} x_i^2 + b\sum_{i=1}^{n} x_i = \sum_{i=1}^{n} x_i f(x_i)$$

이때 식 (6.4)의 형태를 정규 방정식(normal equation)이라 하며 이를 연립하여 a와 b를 구하면 다음과 같다.

$$a = \frac{n\sum_{i=1}^{n} x_i f(x_i) - \sum_{i=1}^{n} x_i \sum_{i=1}^{n} f(x_i)}{n\sum_{i=1}^{n} x_i^2 - (\sum_{i=1}^{n} x_i)^2} \tag{6.5}$$

$$b = \frac{\sum\limits_{i=1}^{n} x_i^2 \sum\limits_{i=1}^{n} f(x_i) - \sum\limits_{i=1}^{n} x_i f(x_i) \sum\limits_{i=1}^{n} x_i}{n\sum\limits_{i=1}^{n} x_i^2 - (\sum\limits_{i=1}^{n} x_i)^2} \tag{6.6}$$

$$= \frac{1}{n}\sum_{i=1}^{n} f(x_i) - a\left(\frac{1}{n}\sum_{i=1}^{n} x_i\right)$$

예제 6.1

다음의 주어진 데이터에 대해 이 데이터를 근사화하는 직선 회귀식을 최소자승법을 이용하여 구하라.

x_i	$f(x_i)$
3	1
5	2
6	4
9	5
10	7
12	8

풀이 직선 회귀 식을 구하기 위해 주어진 데이터를 이용하여 다음과 같이 도표화한다.

i	x_i	$f(x_i)$	x_i^2	$f^2(x_i)$	$x_i f(x_i)$
1	3	1	9	1	3
2	5	2	25	4	10
3	6	4	36	16	24
4	9	5	81	25	45
5	10	7	100	49	70
6	12	8	144	64	96
합계	45	27	395	159	248
평균	7.5				

따라서 도표의 결과를 식 (6.5)와 식 (6.6)에 대입하면 직선 회귀식의 계수 a와 b는 다음과 같다.

$$a = \frac{6(248) - (45)(27)}{6(395) - (45)^2} = \frac{91}{115}$$

$$b = \frac{(395)(27) - (248)(45)}{(6)(395) - (45)^2} = -\frac{33}{23}$$

따라서 직선 회귀식은 $y = \dfrac{91}{115}x - \dfrac{33}{23}$ 가 된다.

Program 6.1 ➡ 직선에 대한 회귀분석

```
function s = Linear_reg(x,y)
% 직선에 대한 최소자승법
% x, y : 입력 벡터

n = length(x) ;% 데이터 개수
sum_x = sum(x) ;   sum_y = sum(y) ;   % x, y의 합
sum_xx = sum(x.*x) ;   sum_xy = sum(x.*y) ;% x*x, x*y의 합

a0 = (sum_xx*sum_y - sum_xy*sum_x) / (n*sum_xx - sum_x^2) ;
a1 = (n*sum_xy - sum_x*sum_y) / (n*sum_xx - sum_x^2) ;

fprintf('직선 접합식 p(x) = %.3f + %.3f*x\n', a0, a1) ;
```

6.2 다항식에 대한 회귀분석

6.1절에서는 주어진 n개의 데이터에 대한 직선 회귀식을 유도하였다. 그러나 [그림 6.2]와 같이 주어진 데이터들이 비선형적인 관계를 가지는 경우, 직선 회귀식으로는 데이터를 적절히 표현할 수 없다. 따라서 이러한 경우 2차 이상의 다항식 회귀를 구하는 것이 보다 더 데이터를 잘 나타낼 수 있음을 알 수 있다.

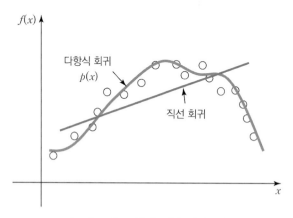

[그림 6.2] 곡선에 의한 회귀분석

예를 들어 다음과 같은 2차 다항식으로 회귀한다고 가정하자.

$$p(x) = ax^2 + bx + c \tag{6.7}$$

이 경우 오차의 제곱 합은 아래와 같다.

$$S = \sum_{i=1}^{n} \delta_i^2 = \sum_{i=1}^{n} [f(x_i) - y(x_i)]^2 = \sum_{i=1}^{n} [f(x_i) - (ax_i^2 + bx_i + c)]^2 \tag{6.8}$$

따라서 S가 최소가 되기 위한 필요 조건은 다음과 같다.

$$a\sum_{i=1}^{n} x_i^2 + b\sum_{i=1}^{n} x_i + nc = \sum_{i=1}^{n} f(x_i) \tag{6.9}$$

$$a \sum_{i=1}^{n} x_i^3 + b \sum_{i=1}^{n} x_i^2 + c \sum_{i=1}^{n} x_i = \sum_{i=1}^{n} x_i f(x_i)$$

$$a \sum_{i=1}^{n} x_i^4 + b \sum_{i=1}^{n} x_i^3 + c \sum_{i=1}^{n} x_i^2 = \sum_{i=1}^{n} x_i^2 f(x_i)$$

이제 위의 연립 방정식을 풀면 상수 a, b, c를 구할 수 있다.

동일한 방법을 이용하면 다음과 같은 n차 다항식으로 쉽게 확장할 수 있다.

$$y(x_i) = a_n x_i^n + a_{n-1} x_i^{n-1} \cdots + a_2 x_i^2 + a_1 x + a_0 \tag{6.10}$$

일반적으로 최소 자승법에서 요구되는 다항식의 최대 차수는 $n = 4 \sim 5$이다.

예제 6.2

아래에 주어진 데이터에 대해 이 데이터를 근사화하는 2차 회귀식을 최소 자승법을 이용하여 구하라.

x_i	$f(x_i)$
0.00	1.0000
0.25	1.2840
0.50	1.6487
0.75	2.1170
1.00	2.7183

풀이 식 (6.9)를 이용하기 위해 주어진 데이터를 이용하여 다음과 같이 도표화한다.

x_i	$f(x_i)$	x_i^2	x_i^3	x_i^4	$x_i f(x_i)$	$x_i^2 f(x_i)$
0.00	1.0000	0.0000	0.0000	0.0000	0.0000	0.0000
0.25	1.2840	0.0625	0.0156	0.0040	0.3210	0.0803
0.50	1.6487	0.2500	0.1250	0.0625	0.8244	0.4122
0.75	2.1170	0.5625	0.4219	0.3164	1.5876	1.1908
1.00	2.7183	1.0000	1.0000	1.0000	2.7183	2.7183
합계	8.7680	1.8750	1.5625	1.3829	5.4513	4.4016

도표의 값을 식 (6.9)에 대입하면 다음과 같이 세 개의 식을 얻게 된다.

$$a(1.875) + b(2.5) + 5c = 8.768$$
$$a(1.5625) + b(1.875) + c(2.5) = 5.4513$$
$$a(1.3829) + b(1.5625) + c(1.875) = 4.4016$$

위의 연립 방정식을 풀어 2차 다항식의 계수를 구하면 다음과 같다.

$$a = 0.8437, \ b = 0.8642, \ c = 1.0051$$

따라서 주어진 데이터를 표현하기 위한 2차 회귀식은 다음과 같다.

$$y(x) = 0.8437x^2 + 0.8642x + 1.0051$$

이와 같이 다항식에 의한 회귀 분석은 주어진 데이터의 특성에 대한 정보가 없어도 사용할 수 있기 때문에 매우 유용한 방법이라 할 수 있다.

```
function z=Cubic_reg(x, y)

n=length(x);
sum_x=sum(x); sum_x2=sum(x.^2); sum_y=sum(y);
sum_x3=sum(x.^3);sum_xy=sum(x.*y);
sum_x4=sum(x.^4);  sum_x2y=sum(x.^2.*y);

A= [ n       sum_x     sum_x2;       % 식 (6.9)의 계수 행렬
     sum_x   sum_x2    sum_x3;
     sum_x2  sum_x3    sum_x4];

b=[sum_y; sum_xy; sum_x2y];          % 식 (6.9)의 상수 행렬
x=A \ b;

a0=x(1);  a1=x(2);  a2=x(3);
fprintf('2차 다항식 p(x)=%.4f+%.4f*x+%.4f*x^2\n', a0, a1, a2);
```

6.3 비선형 회귀분석

주어진 데이터가 특수한 형태, 예를 들면 불규칙적이거나 데이터의 간격이 너무 크고 작을 때는 회귀 함수로써 지수 함수나 역함수를 사용할 수 있다. 이때 주어진 데이터를 적절하게 변환하면 앞 절에서 설명한 직선 회귀식을 적용할 수 있으므로 매우 간단하게 분석할 수 있다.

예를 들어 n개의 주어진 데이터가 아래와 같은 지수 함수 형태를 가진다고 가정하자.

$$y(x) = \alpha e^{\beta x} \tag{6.11}$$

여기서 α, β는 상수이며, 데이터의 증가 및 감소량의 특성을 나타낸다.
식 (6.11)의 양변에 자연 로그를 취하면 다음과 같이 선형화된다.

$$\ln y(x) = \ln \alpha + \beta x \tag{6.12}$$

이는 x에 대한 $\ln y(x)$는 [그림 6.3]과 같이 β의 기울기와 $\ln\alpha$의 y절편을 가지는 직선으로 표현된다.

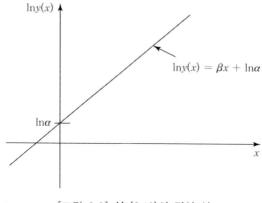

[그림 6.3] 식 (6.12)의 직선 식

또 다른 예로 주어진 데이터가 식 (6.13)과 같은 멱함수(power function) 형태를 가진다고 가정하자.

$$y(x) = \alpha x^{\beta} \, (\text{단}, \ \alpha, \ \beta\text{는 상수}) \tag{6.13}$$

식 (6.13)의 양변에 상용 로그를 취하면 다음과 같이 선형화된다.

$$\log y(x) = \beta \log x + \log \alpha \tag{6.14}$$

이 외에도 다음과 같이 제한된 조건 하에서 인구 성장률을 나타내는데 적합한 포화 성장률 함수가 있다.

$$y(x) = \frac{\alpha x}{x + \beta} \tag{6.15}$$

식 (6.15)는 단순히 역수를 취함으로써 선형화할 수 있다.

$$\frac{1}{y(x)} = \frac{1}{\alpha} + \frac{\beta}{\alpha}\frac{1}{x} \tag{6.16}$$

이와 같이 변환된 식에서 직선에 대한 최소 자승법을 사용하면 상수 α, β를 구할 수 있으며, 이를 원래의 식으로 역변환하면 비선형 회귀식을 얻을 수 있다.

예제 6.3

다음의 주어진 데이터는 힘과 속도에 관한 실험 데이터를 나타낸 것이다. 이들 데이터를 근사화 하는 멱함수를 직선에 대한 최소자승법을 이용하여 구하라.

$v\,[m/s]$	$F[N]$
10	25
20	70
30	380
40	550
50	610
60	1220
70	830
80	1450

풀이 주어진 데이터에 상용 로그 변환을 적용하면 다음과 같이 도표화할 수 있다.

i	x_i	$f(x_i)$	$\log x_i$	$\log f(x_i)$	$(\log x_i)^2$	$\log x_i \log f(x_i)$
1	10	25	1.000	1.398	1.000	1.398
2	20	70	1.301	1.845	1.693	2.401
3	30	380	1.477	2.580	2.182	3.811
4	40	550	1.602	2.740	2.567	4.390
5	50	610	1.699	2.785	2.886	4.732
6	60	1220	1.778	3.086	3.162	5.488
7	70	830	1.845	2.919	3.404	5.386
8	80	1450	1.903	3.161	3.622	6.016
합계			12.606	20.515	20.516	33.622
평균			1.5757	2.5644		

그리고 평균값은 다음과 같이 계산된다.

$$\overline{\log(x_i)} = \frac{12.606}{8} = 1.5757, \quad \overline{\log f(x_i)} = \frac{20.515}{8} = 2.5644$$

따라서 식 (6.5)와 (6.6)에 도표의 결과를 대입하면 다음과 같다.

$$\beta = \frac{8\,(33.622) - (12.606)(20.515)}{8\,(20.516) - (12.606)^2} = 1.9842$$

그리고 이 결과를 식 (6.4)에 대입하여 풀면 a에 대한 다음 식을 구할 수 있다.

$$a = \log \alpha = 2.5644 - 1.9842(1.5757) = -0.5620$$

따라서 $\alpha = 10^{-0.5620} = 0.2741$ 이므로 역함수에 대한 직선 회귀식은 다음과 같다.

$$p(x) = 0.2741 x^{1.9842x}$$

Program 6.3 ➡ 비선형 회귀분석

```
function s=Log_linear_reg(x, y)
% 지수 함수의 선형 변환에 의한 최소자승법

n=length(x) ;
yy=log(y)  % 자연 로그를 취하여 선형화함

sum_x=sum(x) ;      sum_y=sum(yy) ;
sum_xx=sum(x.^2) ;  sum_xy=sum(x.*yy) ;

a0=(sum_xx*sum_y-sum_xy*sum_x) / (n*sum_xx-sum_x^2)  ;
a0=exp(a0) ;   % 지수 함수의 계수를 구하기 위해 원래대로 복구

a1=(n*sum_xy-sum_x*sum_y) / (n*sum_xx-sum_x^2)  ;
fprintf('지수 함수 회귀식 p(x)=%.3f * e^%.3f*x\n', a0, a1)  ;
```

MATLAB은 n차의 다항식을 사용하여 주어진 데이터들에 대한 오차를 최소로 하는 다항식의 계수를 구해 주는 polyfit 함수를 제공하며, 다음과 같은 형식을 가진다.

```
polyfit(x, y, n)
```

여기서, x와 y는 주어진 데이터 벡터이며, n은 다항식의 차수이다. 이 함수는 벡터 x와 y에 적합한 n차 다항식의 계수들을 x의 거듭제곱의 내림차순으로 반환한다.

$$f(x) = p_1 x^{n-1} + p_2 x^{n-2} + \cdots + p_{n-1} x + p_n$$

먼저 주어진 데이터에 대한 직선 회귀 식을 구해보자.

```
>> x=[0   0.25    0.5     0.75      1] ;
>> y=[1   1.2840  1.6487  2.1170    2.7183]
>> coef=polyfit(x, y, 1)
coef =
    1.7078    0.8997
```

따라서 주어진 데이터에 대한 1차 직선식은 $1.7078x + 0.8997$ 이다.

또한 4차 다항식을 구해보자.

```
>> x=[0   0.25    0.5     0.75      1] ;
>> y=[1   1.2840  1.6487  2.1170    2.7183]
>> coef=polyfit(x, y, 4)
coef =
    0.0693    0.1403    0.5101    0.9986    1.0000
```

이는 4차 다항식 $0.0693x^4 + 0.1403x^3 + 0.5101x^2 + 0.9986x + 1$ 를 의미한다.

회귀 식으로부터 임의의 한 점에서의 함수 값을 예측하려면 다음과 같이 polyval이라는 함수를 이용하면 된다.

```
>> new_x=1.5 ;
>> new_y=polyval(coef, new_y)
y_new =
    4.4700
```

1. 다음과 같이 주어진 데이터에 대한 회귀식을 구하고자 한다. 물음에 답하라.

x	$f(x)$
−1	2
1	−1
2	4
3	0
7	6

① 1차 직선식을 구하고, $x = 0$에서의 근사값을 구하라.

② 2차 다항식을 구하고, $x = 0$에서의 근사값을 구하라.

2. 다음과 같이 주어진 데이터를 이용하여 비선형 함수 $y = ae^{bx}$ 형태의 식을 얻고자 한다. 직선 회귀식을 바탕으로 계수 a와 b의 값을 구하라.

x	$f(x)$
1	1.104
2	0.246
3	0.149
4	0.091
5	0.055

3. 아래 표에 주어진 데이터는 함수 $f(x) = 2x^3$으로부터 얻어진 것이다. 이 데이터에 대해 다음의 물음에 답하라.

x	$f(x)$
-2	-16
-1	-2
0	0
1	2
2	16

① 1차 직선 회귀식 $y = ax + b$을 구하고, $x = 1.5$에 대한 근사값을 구하라.

② 표에 주어진 x 및 y 값에 상용 로그를 취해 얻은 데이터에 대해 1차 직선 회귀식을 구하고, $x = 1.5$에 대한 값을 구하라.

③ 위의 ①과 ②에서 얻어진 결과를 실제 값과 비교하라.

4. 다음은 1940년부터 2000년까지의 중국 인구의 변화를 보인 것이다.

연 도	1940	1950	1960	1970	1980	1990	2000
인구 수(백만)	537	557	682	826	981	1135	1262

① 이 데이터를 가장 잘 근사하는 지수 함수를 구한 후 1955년의 인구를 예측하라.

② 2차 다항식으로 근사한 후 1955년의 인구를 예측하라.

③ 각 문제에 대해 데이터 점(원형 표시) 및 근사 곡선을 그래프로 나타내어라. 1955년의 실제 중국 인구는 614.4백만이다.

5. 최소자승법을 이용하여 다음 표의 데이터로부터 $y = Ae^{Bx}$의 관계를 얻고자 한다. 상수 A, B를 구하고 구해진 식을 이용하여 그래프로 나타내어라(힌트: $\ln(y) = \ln(A) + Bx$ 로 변환하여 생각할 것).

i	x_i	y_i
1	1.00	5.10
2	1.25	5.79
3	1.50	6.53
4	1.75	7.45
5	2.00	8.46

6. 다음의 표는 진공 펌프 실험으로부터 시간 t에 대한 압력 변화 P를 나타낸 것이다. 이 데이터로부터 $P(t) = P_0 e^{-t/T}$ 식에 적합한 상수 P_0와 T를 결정하고, 이들 결과를 이용하여 그래프로 나타내어라.

i	$t[s]$	$P[torr]$
1	0.0	760
2	0.5	625
3	1.0	528
4	10.0	14
5	20.0	0.16

수치 미분

함수의 미분은 직접 공식을 이용하여 쉽게 구할 수 있으나, 미분이 어려운 함수가 존재하거나 함수가 정의되지 않고 함수 값이 도표로 주어지는 경우에는 해석적으로 미분 값을 구할 수 없다. 수치 미분은 수치 계산에 의해 미분을 구하는 방법을 말하며, 복잡한 미분 방정식을 계산이 편리한 차분 방정식으로 전환시켜 미분값을 근사적으로 구할 때 유용하게 사용된다. 이 장에서는 대표적인 수치 미분법에 대해 소개한다.

수치 미분

7.1 수치 미분의 기초

함수 $f(x)$에서 x의 값이 x에서 $x+h$로 변할 때 함수의 값이 $f(x)$에서 $f(x+h)$로 변한다고 가정하면, 함수의 순간 변화율은 다음과 같다.

$$f'(x) = \lim_{\triangle x \to 0} \frac{\triangle y}{\triangle x} = \lim_{\triangle x \to 0} \frac{f(x+h) - f(x)}{h} \tag{7.1}$$

이때 $f'(x)$를 함수 $f(x)$의 미분 또는 도함수라고 한다.

함수 $f(x)$의 미분 값을 수치해석으로 구하는 방법으로는 보간 다항식을 이용하는 방법과 계차를 이용하는 방법이 있다. 이 방법들은 근사적인 미분 값 뿐만 아니라 미분 방정식의 해를 수치적으로 구할 때에도 매우 중요한 역할을 한다. 그러나 보간 다항식에 근거한 방법은 안정적이지 못하므로 함수 값이 아무리 정확하게 주어지더라도 상당한 오차를 야기하게 된다. 따라서 이 장에서는 계차를 이용하여 도함수의 근사값을 구하는 방법에 대해서만 설명하도록 한다.

7.2 계차를 이용한 수치 미분

7.2.1 1차 도함수의 근사값 구하기

함수 $f(x)$가 구간 $[a, b]$에서 연속 미분 가능하고, $x_0, x_1, \cdots, x_n$이 구간 내에 존재하는 서로 다른 점이라 가정하자. 이때 함수 $f(x)$를 a에 대해 테일러 급수로 전개하면 다음과 같다.

$$f(x) = \sum_{k=0}^{\infty} \frac{f^{(k)}(a)}{k!}(x-a)^k \tag{7.2}$$

여기서 x 대신 x_{i+1}을, a 대신 x_i를 대입하고 k를 적당한 값에서 절단하면 x_i와 x_{i+1}에서의 함수 값으로 도함수에 대한 근사값을 구할 수 있다.

예를 들어 $k = 1$에서 절단한 테일러 급수를 $f(x)$에 대한 근사식으로 사용하면

$$f(x_{i+1}) \approx f(x_i) + f^{(1)}(x_i)(x_{i+1} - x_i) \tag{7.3}$$

가 되므로 $f^{(1)}(x_i)$를 다음과 같이 근사화 할 수 있다.

$$f^{(1)}(x_i) \approx \frac{f(x_{i+1}) - f(x_i)}{x_{i+1} - x_i} \tag{7.4}$$

만일 식 (7.2)에서 $k = n$에서 절단한 경우 그 절단 오차를 R_n이라 하고, x와 a 대신 x_{i+1}와 x_i를 대입하면 x_{i+1}와 x_i 사이에 있는 어떤 ξ에 대해 다음과 같이 나타낼 수 있다.

$$f(x_{i+1}) = \sum_{k=0}^{n} \frac{f^{(k)}(x_i)}{k!}(x_{i+1} - x_i)^k + R_n , \quad R_n = \frac{f^{(n+1)}(\xi)}{(n+1)!}(x_{i+1} - x_i)^{n+1} \tag{7.5}$$

$h = x_{i+1} - x_i$로 정의하고 식 (7.5)를 다시 쓰면 다음과 같다.

$$f(x_{i+1}) = \sum_{k=0}^{n} \frac{f^{(k)}(x_i)}{k!} h^k + R_n \ , \quad R_n = \frac{f^{(n+1)}(\xi)}{(n+1)!} h^{n+1} \tag{7.6}$$

실제로 h가 충분히 작으면 실제값에 충분히 가까운 근사값을 얻을 수 있으며, n이 커질 때 절단 오차는 줄어든다. $h = x_{i+1} - x_i$를 사용하여 식 (7.4)를 다시 나타내면 다음과 같다.

$$f'(x_i) = \frac{f(x_{i+1}) - f(x_i)}{x_{i+1} - x_i} + O(x_{i+1} - x_i) = \frac{\triangle f_i}{h} + O(h) \tag{7.7}$$

여기서 $\triangle f_i$는 1차 전향 계차이고, $\dfrac{f(x_{i+1}) - f(x_i)}{h}$를 전향 제계차라 한다.

이제 식 (7.5)를 x_{i-1}와 x_i에 대한 식으로 변형하면 다음과 같다.

$$f(x_{i-1}) = \sum_{k=0}^{n} \frac{f^{(k)}(x_i)}{k!} (x_{i-1} - x_i)^k + R_n, \quad R_n = \frac{f^{(n+1)}(x_i)}{(n+1)!} (x_{i-1} - x_i)^{n+1} \tag{7.8}$$

식 (7.6)을 $n=1$에서 절단하여 $f'(x_i)$에 대한 식으로 바꾸면 다음 식이 얻어진다.

$$f'(x_i) = \frac{f(x_i) - f(x_{i-1})}{h} + O(h) = \frac{\nabla f_i}{h} + O(h) \tag{7.9}$$

여기서 $h = x_{i-1} - x_i$이며, $\nabla f_i = f(x_i) - f(x_{i-1})$를 1차 후향 계차,

$\dfrac{f(x_i) - f(x_{i+1})}{h}$을 후향제계차라고 한다.

마찬가지로 식 (7.6)와 (7.8)을 $n=2$에서 절단하면 아래의 두 식이 얻어진다.

$$f(x_{i+1}) = f(x_i) + f'(x_i)(x_{i+1} - x_i) + \frac{f''(x_i)}{2}(x_{i+1} - x_i)^2 + O((x_{i+1} - x_i)^3)$$

$$f(x_{i-1}) = f(x_i) + f'(x_i)(x_{i-1} - x_i) + \frac{f''(x_i)}{2}(x_{i-1} - x_i)^2 + O((x_{i-1} - x_i)^3) \tag{7.10}$$

만일 x_i가 등간격이고 그 간격을 h라 하면, 두 식의 차는 아래와 같다.

$$f(x_{i+1}) - f(x_{i-1}) = f'(x_i)(x_{i+1} - x_{i-1}) \qquad (7.11)$$
$$+ \frac{f''(x_i)}{2}(x_{i+1} - x_{i-1})(x_{i+1} + x_{i-1} - 2x_i) + O(h^3)$$
$$= f'(x_i) \cdot 2h + O(h^3)$$

따라서 식 (7.11)을 $f'(x_i)$에 대해 정리하면 다음과 같다.

$$f'(x_i) = \frac{f(x_{i+1}) - f(x_{i-1})}{2h} + O(h^2) \qquad (7.12)$$

여기서 $\dfrac{f(x_{i+1}) - f(x_{i-1})}{2h}$를 중앙 제계차라 한다. 중앙 제계차를 이용하여 1차 도함수의 근사값을 구하는 경우 절단 오차는 $O(h^2)$이며, 전향 또는 후향 제계차의 경우 식 (7.7)과 식 (7.9)에서 알 수 있는 바와 같이 $O(h)$이다. 따라서 중앙 제계차를 이용하면 더 정확한 도함수의 근사값을 얻을 수 있다.

[표 7.1] **수치 미분의 방법**

방법	$f'(x)$	상대오차
전향 제계차식	$\dfrac{f(x_{i+1}) - f(x_i)}{h}$	$O(h)$
후향 제계차식	$\dfrac{f(x_i) - f(x_{i-1})}{h}$	$O(h)$
중앙 제계차식	$\dfrac{f(x_{i+1}) - f(x_{i-1})}{2h}$	$O(h^2)$

아래의 다항식을 전향 제계차, 중앙 제계차, 후향 제계차식을 이용하여 $f'(0.5)$을 구하라. 단, $h = 0.5$이다.

$$f(x) = -0.1x^4 - 0.15x^3 - 0.5x^2 - 0.25x + 1.2$$

풀이 $f'(x) = -0.4x^3 - 0.45x^2 - x - 0.25$이므로 실제 미분값은 $f'(0.5) = -0.9125$이다. 각 차분법을 이용한 미분값을 구하고 상대 오차를 구해보자. 먼저 x_{i-1}, x_i, x_{i+1}에 대한 실제 함수값을 계산하면 다음과 같다.

$x_{i-1} = 0$일 때, $f(x_{i-1}) = 1.2$

$x_i = 0.5$일 때, $f(x_i) = 0.925$

$x_{i+1} = 1.0$일 때, $f(x_{i+1}) = 0.2$

방법	$f'(0.5)$	상대 오차
전향 제계차식	$\dfrac{0.2 - 0.925}{0.5} = -1.45$	58.9%
후향 제계차식	$\dfrac{0.925 - 1.2}{0.5} = -0.55$	39.7%
중앙 제계차식	$\dfrac{0.2 - 1.2}{2(0.5)} = -1.0$	9.6%

만일 $h = 0.25$일 경우

$x_{i-1} = 0.25$일 때, $f(x_{i-1}) = 1.10351563$

$x_i = 0.5$일 때, $f(x_i) = 0.925$

$x_{i+1} = 0.75$일 때, $f(x_{i+1}) = 0.63632813$가 된다.

이때 세 가지 방법으로 근사값을 계산한 결과는 다음과 같다.

방법	$f'(0.5)$	상대 오차
전향 제계차식	-1.155	26.5%
후향 제계차식	-0.714	21.7%
중앙 제계차식	-0.934	2.4%

$h = 0.5$인 경우와 $h = 0.25$인 경우 모두 중앙 제계차식이 전향 또는 후향 제계차식보다 더 정확한 결과를 보여준다. 그리고 구간의 간격이 반으로 줄면, 전향 또는 후향 제계차식의 오차는 반으로 줄지만, 중앙 제계차식의 오차는 1/4로 줄어듦을 확인할 수 있다.

7.2.2 2차 이상의 도함수에 대한 근사값 구하기

함수 $f(x)$의 테일러 급수를 이용하면 함수 $f(x)$의 2차 이상의 도함수에 대한 근사값도 구할 수 있다. 식 (7.2)에 x와 a 대신 x_{i+2}와 x_i를 대입하고 $n = 2$에서 절단하면 다음과 같다.

$$f(x_{i+2}) = f(x_i) + f'(x_i)(2h) + \frac{f''(x_i)}{2}(2h)^2 + O(h^3) \tag{7.13}$$

식 (7.6)에 $n = 2$로 한 다음 2를 곱하여 식 (7.13)에서 빼면

$$f(x_{i+2}) - 2f(x_{i+1}) = -f(x_i) + f''(x_i)h^2 + O(h^3) \tag{7.14}$$

이 된다. 이 식을 $f''(x_i)$에 대한 식으로 정리하면 다음과 같다.

$$f''(x_i) = \frac{f(x_{i+2}) - 2f(x_{i+1}) + f(x_i)}{h^2} + O(h) = \frac{\triangle^2 f_i}{h^2} + O(h) \tag{7.15}$$

이 식은 2차 전향 제계차로 표현되어 있다. 비슷한 방법으로 2차 후향 제계차와 중앙 제계차를 이용한 근사식을 유도하면 각각 다음과 같다.

$$f''(x_i) = \frac{f(x_i) - 2f(x_{i-1}) + f(x_{i-2})}{h^2} + O(h) \tag{7.16}$$

$$f''(x_i) = \frac{f(x_{i+1}) - 2f(x_i) + f(x_{i-1})}{h^2} + O(h^2) \qquad (7.17)$$

1차 도함수의 근사값을 계산할 때와 마찬가지로 2차 도함수를 계산할 때도 2차 중앙 제계차 방법이 보다 더 정확함을 알 수 있다.

예제 7.2

전향 제계차, 중간 제계차, 후향 제계차식을 이용하여 $f(x) = \sin x$의 $x = \dfrac{\pi}{3}$에서 2차 도함수의 근사값을 구하라. 단, $h = 0.1$이다.

$$f(x) = \sin x$$

풀이 $f''(x) = -\sin x$ 이므로 실제 미분값은 $f''(\dfrac{\pi}{3}) = -\dfrac{\sqrt{3}}{2} = -0.8653$ 이다. 각 차분법을 이용한 미분값을 구하고 상대 오차를 구하면 다음과 같다.

$x_{i-2} = \dfrac{\pi}{3} - 0.2$일 때, $f(x_{i-2}) = 0.74943$

$x_{i-1} = \dfrac{\pi}{3} - 0.1$일 때, $f(x_{i-1}) = 0.81178$

$x_i = \dfrac{\pi}{3}$일 때, $f(x_i) = \dfrac{\sqrt{3}}{2} = 0.86603$

$x_{i+1} = \dfrac{\pi}{3} + 0.1$일 때, $f(x_{i+1}) = 0.91162$

$x_{i+2} = \dfrac{\pi}{3} + 0.2$일 때, $f(x_{i+2}) = 0.94810$

방법	$f''(\dfrac{\pi}{3})$	상대 오차
전향 제계차식	$\dfrac{0.94810 - 2(0.91162) + 0.86603}{0.1^2} = -0.911$	5.28%
후향 제계차식	$\dfrac{0.86603 - 2(0.81178) + 0.74943}{0.1^2} = -0.811$	6.28%
중앙 제계차식	$\dfrac{0.91162 - 2(0.86603) + 0.81178}{0.1^2} = -0.866$	0.08%

```
f = @(x)sin(x)          % 원 함수
df = @(x)cos(x)         % 1차 미분식
ddf = @(x)-sin(x)       % 2차 미분식
x0 = pi/3 ;  h=0.1 ;

dff= (feval(f, x0+h) - feval(f,x0)) /h;        % 1차 전향
dfb= (feval(f, x0) - feval(f,x0-h)) /h;        % 1차 후향
dfc= (feval(f, x0+h) - feval(f,x0-h)) /(2*h); % 1차 중앙

df2f=(feval(f, x0+2*h)-2*feval(f,x0+h)+feval(f, x0)) /h^2; % 2차 전향
df2b=(feval(f, x0)-2*feval(f,x0-h)+feval(f, x0-2*h)) /h^2; % 2차 후향
df2c=(feval(f, x0+h)-2*feval(f,x0)+feval(f, x0-h)) /h^2;    % 2차 중앙

dft=feval(df, x0) ; ddft = feval(ddf, x0) ;

disp(['1차 미분식의 실제값 = ', num2str(dft)]) ;
disp(['1차 전향 계차분 근사값 = ', num2str(dff)]) ;
disp(['1차 후향 계차분 근사값 = ', num2str(dfb)]) ;
disp(['1차 중앙 계차분 근사값 = ', num2str(dfc)]) ;

disp(['2차 미분식의 실제값 = ', num2str(ddft)]) ;
disp(['2차 전향 계차분 근사값 = ', num2str(df2f)]) ;
disp(['2차 후향 미분의 근사값 = ', num2str(df2b)]) ;
disp(['2차 중앙 미분의 근사값 = ', num2str(df2c)]) ;
```

7. 3 리차드슨 외삽법

식 (7.12)에서 중앙 제계차식 미분법의 오차는 $O(h^2)$임을 알 수 있다. 즉 식 (7.12)를 다른 형식으로 표현하면 다음과 같다.

$$f'(x_i) = \frac{f(x_{i+1}) - f(x_{i-1})}{2h} - a^2h^2 - a^4h^4 + \cdots \qquad (7.18)$$

여기서 a^2, a^4는 상수이며, $\phi(h) = \dfrac{f(x_{i+1}) - f(x_{i-1})}{2h}$ 라 가정하고 식 (7.18)에 대입하여 정리하면 다음과 같다.

$$\phi(h) = f'(x_i) + a^2h^2 + a^4h^4 + \cdots \qquad (7.19)$$

이때

$$\phi(h) - 4\phi(\frac{h}{2}) = -3f'(x_i) + \frac{3a^4}{4}h^4 + \frac{15a^6}{16}h^6 + \cdots \qquad (7.20)$$

이므로 양변을 –3으로 나누어 정리하면 다음과 같다.

$$\phi(\frac{h}{2}) + \frac{1}{3}\left(\phi(\frac{h}{2}) - \phi(h)\right) = f'(x_i) - \frac{a^4}{4}h^4 - \frac{5a^6}{16}h^6 + \cdots \qquad (7.21)$$

따라서 $\phi(\frac{h}{2})$에 $\frac{1}{3}\left(\phi(\frac{h}{2}) - \phi(h)\right)$를 더하면 $f'(x_i)$와의 오차를 $O(h^2)$에서 $O(h^4)$으로 줄일 수 있다. 이와 같은 개념을 확장하기 위하여 $D(n,1) = \phi(\frac{h}{2^n})$라 하자. 그러면

$$D(n,1) = f'(x) + a^2(\frac{h}{2^n})^2 + a^4(\frac{h}{2^n})^4 + a^6(\frac{h}{2^n})^6 + \cdots \qquad (7.23)$$
$$= f'(x) + \sum_{k=1}^{\infty} a^{2k}(\frac{h}{2^n})^{2k}$$

리차드슨 외삽법은 $n \geq 2$와 $2 \leq m \geq n$에 대해 $f'(x_i)$의 근사값을 다음과 같은 점화식으로 정의한다.

$$D(n,m) = \frac{4^{m-1}}{4^{m-1}-1}D(n,m-1) - \frac{1}{4^{m-1}-1}D(n-1,m-1) \qquad (7.24)$$

여기서 $D(n,1)$은 중앙 제계차식을 의미하며, 오차는 $O\left(\left(\frac{h}{2^n}\right)^2\right)$이고 m이 증가할수록 $D(n,m)$의 오차는 $O\left(\left(\frac{h}{2^n}\right)^{2m}\right)$으로 감소하여 근사값이 빨리 수렴함을 알 수 있다. [표 7.2]는 도함수 값의 근사해 $D(n,m)$를 정리한 것이다.

[표 7.2] 중앙 차분에 의한 외삽 도표

$O(h^2)$	$O(h^4)$	$O(h^6)$	$\cdots$
$D(1,1) = D(h)$			
$D(2,1) = D(\frac{1}{2})$	$D(2,2) = \dfrac{4D(2,1)-D(1,1)}{4-1}$		
$A(3,1) = A(\frac{h}{2^2})$	$D(3,2) = \dfrac{4D(3,1)-D(2,1)}{4-1}$	$D(3,3) = \dfrac{4^2 D(3,2)-D(2,2)}{4^2-1}$	
$\vdots$	$\vdots$	$\vdots$	$\ddots$

중앙 차분에 의한 외삽 알고리즘을 정리하면 다음과 같다.

(1) 함수 f와 지정점 x_0, 초기 눈금의 h 설정
(2) 외삽 배열 A의 크기 N을 설정하고 초기화
(3) for i=1:N

$$A(i,1) = \frac{f(x_0+h)-f(x_0-h)}{2h}, \ (i=1:N) \ \text{계산}$$

$$A(i,j+1) = \frac{4^{j-1}A(i,j)-A(i-1,j)}{4^{j-1}-1}, \ (j=1:i-1) \ \text{계산}$$

$h = h/2$ (눈금의 크기를 반으로 축소)
end

함수 $f(x) = \sin x$의 $x = \dfrac{\pi}{3}$에서 미분값의 근사값 $D(2,2)$를 $h = 0.5$일 때 구해보자.

풀이 $D(1,1) = \phi\left(\dfrac{0.5}{2}\right) = \phi(0.25)$

$$= \dfrac{\sin\left(\dfrac{\pi}{3} + 0.25\right) - \sin\left(\dfrac{\pi}{3} - 0.25\right)}{0.5} = 0.49481$$

$D(2,1) = \phi\left(\dfrac{0.5}{2^2}\right) = \phi(0.125)$

$$= \dfrac{\sin\left(\dfrac{\pi}{3} + 0.125\right) - \sin\left(\dfrac{\pi}{3} - 0.125\right)}{0.25} = 0.4987$$

$D(2,2) = \dfrac{4}{4-1}D(2,1) - \dfrac{1}{4-1}D(1,1)$

$$= \dfrac{4}{3}(0.4987) - \dfrac{1}{3}(0.49481) = 0.4997$$

```
N=4 ;    % 외삽 도표의 크기
% y : 주어진 함수값 벡터
% h : 스텝 간격

f = 'sin(x)' ;
x0= pi/3 ;  % target point
h=0.5 ;  % 초기 눈금 크기
A = zeros(N);
for i =1 : N
    x=x0+h ; fr = eval(f); x=x0-h; fl-eval(f);
    A(i,1) = (fr-fl)/(2.0*h);    % 1계 미분에 대한 중앙 차분 공식
    q=4.0 ;
    % 외삽 도표를 행 별로 작성
    for j=1: i-1
        A(i, j+1) = A(i, j) + (A(i, j)-A(i-1, j))/(q-1.0) ;
        q = 4.0*q ;
    end
    fprintf('\n %16.12f %16.12f %16.12f %16.12f, A(i:1:i)');
    h = h/2.0;  % 눈금 크기를 반으로 축소
end
```

MATLAB은 수치 미분을 위한 내장 함수를 제공하며, 사용 형식은 다음과 같다.

- diff('func', n) : func은 미분식 $f(x)$ 이며, n은 n차 미분을 의미한다.

예를 들어 $4x^3 - 2x + 1$ 의 2차 미분식을 구하면 아래와 같다.

```
>> syms x    % 변수 x가 심볼릭 기호임을 선언
>> diff(4*x^3 - 2*x +1, 2)
ans =
    24*x
```

1. 아래의 다항식에 대해 중앙, 전향, 후향 계차법을 이용하여 미분값 $f'(2.0)$을 구하고 실제 값과 비교하라. 단, $h = 0.1$로 한다.

$$f(x) = 2x^2 - \cos(x) - 3$$

2. 다음의 함수 $f(x)$의 $x = x_0$에서 도함수의 근사값을 $h = 0.1$일 때 전향, 후향, 중앙 수치 미분식을 이용하여 구하고 실제값과 비교하라.

① $f(x) = x^2 - 2x + 2$, $x_0 = 1$

② $f(x) = \ln x$, $x_0 = 2$

③ $f(x) = \sin x$, $x_0 = \dfrac{\pi}{3}$

④ $f(x) = e^x$, $x_0 = 1$

⑤ $f(x) = x^3$, $x_0 = 1$

⑥ $f(x) = \cos(\pi x)$, $x_0 = \dfrac{1}{4}$

3. 함수 $f(x) = x^2 \cos x$에 대해 $x = 2$에서의 1계 미분을 구하기 위해 중앙 차분 공식을 사용한 크기가 $N = 4$인 외삽 도표를 작성하라. 단 초기 눈금의 크기는 $h = 0.2$이다.

4. 길이가 1m인 양단지지 단순보가 있으며 굽힘 모멘트는 다음과 같다.

$$y'' = \frac{M(x)}{EI}$$

위에서 $y(x)$는 처짐, $M(x)$는 굽힘 모멘트이고 EI는 굽힘 강성 계수이다. 각 지점에서 측정된 처짐량은 다음의 표와 같다.

i	x_i(m)	y_i(cm)
0	0.0	0.0
1	0.2	7.78
2	0.4	0.068
3	0.6	8.37
4	0.8	3.97
5	1.0	0.0

$EI = 1.2 \times 10^7 \, N{\cdot}m^2$ 이라 가정시, 양단 지지점을 포함하여 각 지점에서 굽힘 모멘트를 계산하라. 단 양단 지지점에서는 전향 또는 후향 차분식을 사용하고, 그 외의 지점은 중앙 차분식을 사용한다.

수치 적분

수치 적분은 해석적 적분이 불가능한 함수의 적분 뿐만 아니라 분산된 점으로부터 이루어진 데이터의 적분 계산에도 사용된다. 이러한 데이터는 주로 미분방정식의 수치해로 생성된 데이터나 실험을 통해 얻은 데이터로부터 생성된다. 이러한 데이터를 적분하는 경우에는 앞에서 기술된 보간법을 이용하여 보간 함수를 구한 후 이를 해석적으로 적분할 수도 있고, 이 장에서 기술될 적분 기법을 사용할 수도 있다. 이 장에서는 수치 해석에 따라 정적분의 근사값을 구하는 방법들을 서술한다.

CHAPTER **08**

수치 적분

8.1 Newton-Cotes 적분법

[그림 8.1]과 같이 구간 [a, b]에서 연속인 함수 $f(x)$의 정적분 $\int_a^b f(x)dx$은 $x=a$, $x=b$, $y=f(x)$ 및 x 축으로 둘러싸인 면적을 의미한다.

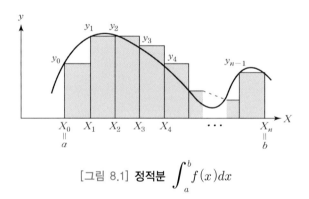

[그림 8.1] **정적분** $\int_a^b f(x)dx$

실제로 함수 $f(x)$가 구간 [a, b]에서 적분 가능할지라도 정적분의 값을 대수적으로 정확하게 구하는 것은 쉽지 않다. 이러한 경우에는 수치해석 방법을 사용하여 적분값에 가까운 근사값을 구할 필요가 있다.

Newton-Cotes 적분법은 가장 널리 사용되는 수치적분 방법으로써 복잡한 함수나 도표화된 데이터를 식 (8.1)과 같이 적분하기 쉬운 다항식으로 대체하여 적분값을 구한다.

$$I = \int_a^b f(x)dx \simeq \int_a^b f_n(x)dx \tag{8.1}$$

함수 $f(x)$가 매끄러운(smooth) 함수이고, 서로 다른 점 $x_0, x_1, \cdots, x_n$에서의 함수 값 $f(x_i)$, $i = 0, 1, \cdots, n$가 주어져 있다고 할 때, $f(x)$와 일치하는 라그랑제 보간 다항식은 다음과 같다.

$$f_n(x) = \sum_{i=0}^n f(x_i) L_i(x)\ L_i(x) = \prod_{\substack{j=0 \\ i \neq j}}^n \frac{x - x_j}{x_i - x_j} \tag{8.2}$$

여기서 다항식이 1차이면 사다리꼴 적분법, 2차 다항식이면 Simplon 1/8 적분법, 3차 다항식이면 3/8 적분법이라 한다.

8.2 사다리꼴 적분법

사다리꼴 적분법(trapezoidal method)은 [그림 8.2]와 같이 두 점을 잇는 직선 아래의 면적을 구하는 방법이다.

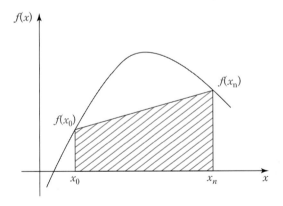

[그림 8.2] **사다리꼴 적분법**

구간 $[x_0, x_1]$에서 두 점 $(x_0, f(x_0))$과 $(x_1, f(x_1))$에 대한 1차 라그랑제 보간 다항식은 다음과 같다.

$$f_1(x) = \frac{x - x_1}{x_0 - x_1} f(x_0) + \frac{x - x_0}{x_1 - x_0} f(x_1)$$

(8.3)

따라서 $\int_{x_0}^{x_1} f(x)dx$의 근사값은 다음과 같이 구할 수 있다.

$$\int_{x_0}^{x_1} f(x)dx \approx \int_{x_0}^{x_1} f_1(x)dx = \int_{x_0}^{x_1} [\frac{x - x_1}{x_0 - x_1} f(x_0) + \frac{x - x_0}{x_1 - x_0} f(x_1)]dx$$

(8.4)

$$= \frac{x_1 - x_0}{2} [f(x_0) + f(x_1)]$$

$$= \frac{h}{2} [f(x_0) + f(x_1)]$$

단, 여기서 $x_1 - x_0 = h$ 이다.

[그림 8.2]에서 보는 바와 같이 사다리꼴 적분법은 오차가 크기 때문에 오차를 줄이기 위해 [그림 8.3]과 같이 적분 구간을 여러 개의 소구간으로 나누어 각 구간마다 사다리꼴 적분 공식을 적용할 수 있다. 이를 합성 사다리꼴 적분법이라고 한다.

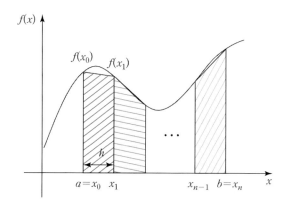

[그림 8.3] **합성 사다리꼴 적분**

이때 소구간의 크기를 각각 h_0, h_1, $\cdots$, h_{n-1}이라 할 때 전 구간 $[a, b]$에서의 적분값은 다음과 같다.

$$\int_a^b f(x)dx \approx \frac{h_0}{2}[f(x_0) + f(x_1)] + \frac{h_1}{2}[f(x_1) + f(x_2)] + \cdots \qquad (8.5)$$
$$+ \frac{h_{n-1}}{2}[f(x_{n-1}) + f(x_n)]$$

만일 $h_0 = h_1 = \ldots = h_{n-1}$과 같이 소구간의 간격이 모두 동일하다면 식 (8.5)는 식 (8.6)과 같이 표현된다.

$$\int_a^b f(x)dx \approx \frac{h}{2}[[f(x_0) + f(x_n)] + 2[f(x_1) + f(x_2) + \cdots + f(x_{n-1})]] \qquad (8.6)$$

사다리꼴 적분법은 구간을 많이 나눌수록, 즉 h가 작을수록 더 정확한 적분값을 얻을 수 있다.

예제 8.1

$f(x) = 0.2 + 25x - 200x^2 + 675x^3 - 900x^4 + 400x^5$일 때, $\int_0^{0.8} f(x)dx$의 근사값을 사다리꼴 적분법과 합성 사다리꼴 적분법에 의해 구하라. 단 $h = 0.2$로 한다. 실제 적분값은 1.64053334이다.

풀이 (a) 사다리꼴 적분법 이용

$f(0) = 0.2$, $f(0.8) = 0.232$이므로 식 (8.4)에 의해 근사값은 다음과 같다.

$$\int_0^{0.8} f(x)dx = \frac{0.8 - 0}{2}(0.2 + 0.232) = 0.1728$$

(b) 합성 사다리꼴 적분법 이용

먼저 주어진 함수 $f(x)$에 대해 다음과 같은 표를 작성한다.

i	1	2	3	4	5
x_i	0	0.2	0.4	0.6	0.8
$f(x_i)$	0.200	1.2880	2.4560	3.4640	0.2320

이 값들을 식 (8.6)에 대입하면 아래와 같다.

$$\int_0^{0.8} f(x)dx = \frac{0.2}{2}[0.2000 + 0.2320 + 2(1.2880 + 2.4560 + 3.4640)]$$
$$= 1.4848$$

근사값은 실제값과 약 9.5%의 백분율 상대오차를 가진다. 그러나 h를 작게 하여 구간 수가 증가하면 오차는 더 줄어들 것이다.

Program 8.1 ➡ 사다리꼴 적분법

```
function area=TrapInt(func, a, b)
% y : 주어진 함수가 정의된 M-파일
% a, b : 적분 구간(최소, 최대)

area=(b-a)/2*(feval(func, a)+feval(feval, b)) ;
```

```
% 주어진 함수를 정의한 M-파일

function f=func(x, y)
% 상미분 방정식의 정의
f=0.2+25*x-200*x.^2+675*x.^3-900*x.^4+400*x.^5;
```

```
% 명령창 입력 내용

>> I=Trap_Int('func',0, 8) ;
>> I =
        0.1728
```

Program 8.2 ➡ 합성 사다리꼴 적분법

```
function area=Trap_comb(func, a, b, n)
% func : 주어진 함수
% a, b : 적분 구간(최소, 최대)
% n : 구간 수

x = a ;
h = (b-a)/n ; sum= feval(func, a) ;
for i=1:n-1
    x= x+h ;
    sum=sum+2*feval(y, x) ;
end
sum = sum + feval(y, b) ;
area=(b-a)/(2*n)*sum ;
```

```
% 주어진 함수를 정의한 M-파일

function f=func(x)
% 상미분 방정식의 정의
f=0.2+25*x-200*x.^2+675*x.^3-900*x.^4+400*x.^5;
```

```
>> I=Trap_comb('func',0, 8, 4) ;
>> I =
        1.4848
```

CHAPTER 08 수치 적분 **169**

8.3 Simpson 적분법

8.3.1 Simpson의 1/3 법칙

Simpson 적분법은 세 점을 통과하는 2차 라그랑제 보간 다항식을 접합하여 이 다항식을 적분하는 방법으로, Simpson의 1/3 법칙(Simpson's 1/3 method)이라고도 한다.

이때 세 점 x_0, x_1, x_2를 통과하는 라그랑제 보간 다항식은 다음과 같다.

$$f_2(x) = \frac{(x-x_1)(x-x_2)}{(x_0-x_1)(x_0-x_2)}f(x_0) + \frac{(x-x_0)(x-x_2)}{(x_1-x_0)(x_1-x_2)}f(x_1) \tag{8.7}$$
$$+ \frac{(x-x_0)(x-x_1)}{(x_2-x_0)(x_2-x_1)}f(x_2)$$

이것을 소구간 $[x_0,\ x_2]$에 대해 적분하면 다음과 같다.

$$\int_{x_0}^{x_2} f(x)dx \approx \int_{x_0}^{x_2} f_2(x)dx = \frac{f(x_0)}{2h^2}\int_{x_0}^{x_2}(x-x_1)(x-x_2)dx \tag{8.8}$$
$$- \frac{f(x_1)}{h^2}\int_{x_0}^{x_2}(x-x_0)(x-x_2)dx$$
$$+ \frac{f(x_2)}{2h^2}\int_{x_0}^{x_2}(x-x_0)(x-x_1)dx$$
$$= \frac{h}{3}[f(x_0)+4f(x_1)+f(x_2)]$$

따라서 전 구간 $[x_0,\ x_n]$에 대한 적분값은 다음과 같다.

$$\int_{x_0}^{x_n} f(x)dx \approx \int_{x_0}^{x_2} p_0(x)dx + \int_{x_2}^{x_4} p_2(x)dx + \cdots + \int_{x_{n-2}}^{x_n} p_{n-2}(x)dx$$

$$= \frac{h}{3}[f(x_0) + 4f(x_1) + f(x_2)] + \frac{h}{3}[f(x_2) + 4f(x_3) + f(x_4)]$$

$$+ \cdots + \frac{h}{3}[f(x_{n-2}) + 4f(x_{n-1}) + f(x_n)]$$

$$= \frac{h}{3}\left[f(x_0) + 4\sum_{i=1}^{n/2} f(x_{2i-1}) + 2\sum_{i=2}^{n/2} f(x_{2i-2}) + f(x_n)\right]$$

$$(8.9)$$

식 (8.9)에서 알 수 있는 바와 같이 Simpson 1/3 적분법은 사다리꼴 적분법과 유사하다. 그러나 데이터가 등간격으로 분포되어 있는 경우와 짝수 개의 구간과 홀수 개의 점이 있는 경우에 한정된다. 따라서 Simpson 1/3 적분법은 다음 절에서 논의되는 Simpson 3/8 공식으로 알려져 있는 홀수 구간, 짝수 점 공식과 함께 사용함으로써 짝수나 홀수에 관계없이 모든 등간격 구간에 대한 계산도 수행할 수 있다.

예제 8.2

$f(x) = \dfrac{1}{x^2+1}$ 의 적분값을 구간 $[0, 5]$에 대해 Simpson의 1/3 법칙에 의해 구하라. 단, h는 0.5이며, 균등한 간격을 가지는 것으로 가정한다.

풀이 주어진 함수에 대해 다음과 같은 표를 작성해 보자.

i	1	2	3	4	5	6	7	8	9	10	11
x_i	0	0.5	1.0	1.5	2.0	2.5	3.0	3.5	4.0	4.5	5.0
$f(x_i)$	1.000	0.800	0.500	0.308	0.200	0.138	0.100	0.075	0.059	0.047	0.038

$$\int_0^5 \frac{1}{x^2+1}\,dx \approx \frac{0.5}{3}[1.000 + 0.038 + 4(0.800 + 0.308 + 0.138 + 0.075 + 0.047)$$

$$+ 2(0.500 + 0.200 + 0.100 + 0.059)]$$

$$= 1.3713$$

Program 8.3 ➡ Simpson의 1/3 법칙

```
function area=Simson13(y, h)
% y : 주어진 데이터 점 벡터
% h : 스텝 간격
n=length(y) ;
sum=y(1)+y(n);

for i=2: 2: n-1
    sum=sum+4*y(i) ;
end
for i=3:2:n-1
    sum=sum+2*y(i) ;
end
area=h/3*sum ;
```

8.3.2 Simpson의 3/8 법칙

Simpson의 1/3 법칙은 세 개의 점에 대해 라그랑제 보간 다항식을 이용했으나, Simpson의 3/8 법칙(Simpson's 3/8 method)은 네 개의 점에 대해 3차 라그랑제 보간 다항식을 이용한다.

네 개의 점 x_0, x_1, x_3, x_3을 지나는 3차 라그랑제 보간 다항식은 다음과 같다.

$$f_3(x) = \frac{(x-x_1)(x-x_2)(x-x_3)}{(x_0-x_1)(x_0-x_2)(x_0-x_3)}f(x_0) \tag{8.10}$$

$$+ \frac{(x-x_0)(x-x_2)(x-x_3)}{(x_1-x_0)(x_1-x_2)(x_1-x_3)}f(x_1)$$

$$+ \frac{(x-x_0)(x-x_1)(x-x_3)}{(x_2-x_0)(x_2-x_1)(x_2-x_3)}f(x_2)$$

$$+ \frac{(x-x_0)(x-x_1)(x-x_2)}{(x_3-x_0)(x_3-x_1)(x_3-x_2)}f(x_3)$$

이를 소구간 $[x_0, \ x_3]$에 대해 적분하면 다음과 같다

$$\int_{x_0}^{x_3}f(x)dx \approx \int_{x_0}^{x_3}f_3(x)dx = \frac{3}{8}h[f(x_0)+3f(x_1)+3f(x_2)+f(x_3)] \tag{8.11}$$

또한 전 구간 $[x_0, \ x_n]$에 대해 적분하면 적분값은 다음과 같다.

$$\int_{x_0}^{x_n}f(x)dx \approx \frac{3}{8}h[f(x_0)+3f(x_1)+3f(x_2)+f(x_3)] \tag{8.12}$$

$$+ \frac{3}{8}h[f(x_3)+3f(x_4)+3f(x_5)+f(x_6)]$$

$$+ \cdots + \frac{3}{8}h[f(x_{n-3})+3f(x_{n-2})+3f(x_{n-1})+f(x_n)]$$

$$= \frac{3}{8}h[f(x_0)+f(x_n)+2\sum_{i=2}^{n/3}f(x_{3i-3})$$

$$+ 3\sum_{i=1}^{n/3}(f(x_{3i-2})+f(x_{3i-1}))]$$

식 (8.12)에서 알 수 있듯이 Simpson 3/8 적분법은 n이 반드시 3의 배수여야 한다. 또한 Simpson 1/3 방식이 Simpson 3/8 적분법보다 더 좋은 방법이다. 이는 3/8 방법은 4개의 점을 요구하지만 1/3 방식은 3개의 점만 요구하면서도 3/8 공식만큼 정확한 결과를 산출하기 때문이다.

예제 8.3

$f(x) = \dfrac{1}{x^2 + 1}$ 의 적분값을 구간 [0, 5]에 대해 Simpson의 3/8 법칙에 의해 구하라. 단, h는 0.5이며, 균등한 간격을 가지는 것으로 가정한다.

풀이

$$\int_0^5 \frac{1}{x^2+1}\,dx \approx \frac{3 \cdot (0.5)}{8}[1.000 + 0.038 + 3(0.800 + 0.500 + 0.200 + 0.138$$

$$+ 0.075 + 0.059) + 2(0.308 + 0.100 + 0.047)]$$

$$= 1.3620$$

Simpson 1/3 방법과 Simpson 3/8 방법을 비교해 보면 다음과 같다.

방 법	수치 적분값	상대 오차(%)
Simpson의 1/3 적분법	1.3713	0.153
Simpson의 3/8 적분법	1.3620	0.830

따라서 주어진 문제의 경우 Simpson 1/3 적분법이 3/8 방법보다 더 정확하다는 것을 알 수 있다.

Program 8.3 ➡ Simpson의 3/8 법칙

```
function area=Simson38(y, h)
% y : 주어진 데이터 점 벡터
% h : 스텝 간격
n=length(y) ;
sum=y(1)+y(n) ;

for i=2:3:n-1
   sum=sum+3*(y(i)+y(i+1)) ;
end
for i=4: 3: n-1
   sum=sum + 2*y(i) ;
end
area=3*h/8*sum ;
```

8.4 다중 적분법

다중 적분의 계산은 공학 분야에서 널리 사용된다. 예를 들어 2차원 함수의 평균값을 계산하는 일반적인 방정식은 다음과 같다.

$$f_{av} = \frac{\int_c^d \left(\int_a^b f(x,y)dx \right) dy}{(d-c)(b-a)} \tag{8.13}$$

여기서 분자 항을 이중 적분(double integral)이라 부른다. 이중 적분은 다음과 같이 반복 적분으로 계산할 수 있다.

$$\int_c^d \left(\int_a^b f(x,y)dx \right) dy = \int_a^b \left(\int_c^d f(x,y)dy \right) dx \tag{8.14}$$

즉 차원 중 하나에 대한 적분을 먼저 계산하고, 첫 번째 적분 결과를 두 번째 차원에 대하여 적분한다. 이때 적분 순서는 중요하지 않다.

수치적 이중 적분도 같은 방법으로 수행한다. 먼저 두 번째 차원의 모든 값을 상수로 간주하고, 합성 사다리꼴 또는 Simpson 공식과 같은 방법을 첫 번째 차원에 대하여 적용한다. 그리고 두 번째 차원에 대해 적분 공식을 적용하면 최종 이중 적분 결과를 얻을 수 있다. 다음의 예제를 살펴보자.

예제 8.4

판의 길이가 8m, 폭이 6m인 직사각형 가열 판의 온도가 아래의 함수로 표현된다고 가정하자. 합성 사다리꼴 적분법을 이용하여 평균 온도를 계산하라.

$$T(x,y) = 2xy + 2x - x^2 - 2y^2 + 72$$

풀이 아래의 그림은 직사각형 가열 판에서 필요한 위치(x, y)에서의 온도를 보여준다. 이제 2구간 합성 사다리꼴 방법의 공식에 적용해 보자.

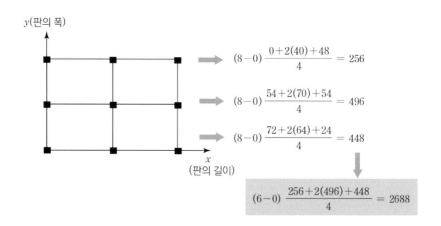

먼저 각각의 y값에 대해 x 차원을 따라 사다리꼴 공식을 실행한다.

이제 이 값을 y차원을 따라 적분하면 최종 결과 2688을 얻는다. 이 결과를 면적으로 나누면 평균 온도는 2688/(6×8)=56가 된다.

이들 값의 단순 평균값은 47.33이고, 해석적으로 계산하면 58.66667이다.

8.5 Romberg 적분법

사다리꼴 적분법과 Simpson 방법들은 비교적 간단하게 적분 값을 구할 수는 있으나 오차가 크다는 단점이 있다. 이러한 문제점을 보완하고 효과적으로 수치 적분을 구하기 위해 사다리꼴 적분법과 Richard 외삽법을 결합한 것이 Romberg 적분법이다.

Romberg법은 구간 $[a,b]$을 구간 폭 $h_0 = b - a$을 이용하여 $[x_0, x_0 + h_0]$으로 나타내고, 그 구간의 적분을 사다리꼴 공식에 따라 근사값

$$T_0^0 = \frac{h_0}{2}(f(x_0) + f(x_0 + h_0)) \tag{8.14}$$

으로 한다. 다음으로 이 구간을 $h_1 = h_0/2$로 하여 $[x_0, x_0 + h_1]$와 $[x_0 + h_1, x_0 + 2h_1]$으로 2등분 하여, 각 소구간의 적분을 사다리꼴 공식으로 구하면 그 합은 다음과 같다.

$$T_0^1 = \frac{h_1}{2}(f(x_0) + 2f(x_0 + h_1) + f(x_0 + 2h_1)) \tag{8.15}$$

또한 $h_2 = h_0/2^2$로 하여 구간을 4등분하고 사다리꼴 공식으로 구하면

$$T_0^2 = \frac{h_2}{2}(f(x_0) + 2\sum_{i=1}^{2^2-1}f(x_0 + ih_2) + f(x_0 + 2^2 h_2)) \tag{8.16}$$

이 된다. 일반적으로 구간을 2^k 등분하고, 그 폭을 $h_k = h_0/2^k$으로 하여 사다리꼴 공식으로 구하면

$$T_0^k = \frac{h_k}{2}(f(x_0) + 2\sum_{i=1}^{2^k-1}f(x_0 + ih_k) + f(x_0 + 2^k h_k)) \tag{8.17}$$

가 된다. 이와 같은 과정을 통해 사다리꼴 면적의 수열, 즉 T_0^0, T_0^1, $\cdots$, T_0^k이 구해지고, $k \to \infty$인 경우 $h \to 0$, $T_0^k \to I$가 된다. 이것이 사다리꼴 공식에 따른 연속적 근사법이며

이 연속적 근사에 반복 선형 보간을 결합한 것이 Romberg 법이다.

Romberg 적분법은 아래와 같이 연속적으로 사다리꼴 공식을 이용한다.

$$A_{11} \quad A_{12} \quad A_{13} \quad A_{14} \cdots \quad \leftarrow 사다리꼴\ 적분값$$
$$A_{21} \quad A_{22} \quad A_{23} \cdots \quad \leftarrow 제1차\ Romberg\ 적분값$$
$$A_{31} \quad A_{32} \cdots \quad \leftarrow 제2차\ Romberg\ 적분값$$
$$A_{44} \cdots \quad \leftarrow 제3차\ Romberg\ 적분값$$

위의 도표에서 제 1행은 소구간의 수에 대한 사다리꼴 방법에 의한 적분값을 나타내고, 제 2열은 제 1열의 결과를 이용하여 구한 제 1차 Romberg 적분값이며, 제 3열은 제 2열을 가지고 구한 제2차 Romberg 적분값이다.

이와 같이 Romberg 적분 공식을 연속적으로 적용해 나가면서 대각선 요소들의 값의 차이가 허용 오차를 만족하면 계산을 중지하고 이때의 대각선 요소값을 적분값으로 취한다.

제 1차 Romberg 적분식은 다음과 같다.

$$A_{22} = \frac{4A_{12} - A_{11}}{4^1 - 1}, \quad A_{23} = \frac{4^1 A_{13} - A_{12}}{4^1 - 1}$$

그리고 제 2차 Romberg 적분식은 다음과 같다.

$$A_{33} = \frac{4^2 A_{23} - A_{22}}{4^2 - 1}$$

따라서 Romberg 적분의 일반식은 다음과 같다.

$$A_{j,k} = \frac{4^{j-1} A_{j-1,k} - A_{j-1,k-1}}{4^{j-1} - 1} \tag{8.18}$$

여기서 k는 소구간의 개수로써 $1, 2, 4, 8, 16, \ldots$ 이다.

예제 8.5

다음의 데이터가 주어졌을 때 구간 [0, 1]에서의 정적분을 Romberg 적분법으로 구하라.

x	0	0.1	0.2	0.3	0.4	0.5	0.6	0.7	0.8
$f(x)$	1	0.99833	0.99334	0.98507	0.97355	0.95885	0.94107	0.92031	0.89670

풀이 적분 구간을 1, 2, 4, 8로 했을 때 사다리꼴 적분값을 A_{11}, A_{12}, A_{13}, A_{14}라고 하면 다음과 같다.

$$A_{11} = \frac{0.8(1+0.89670)}{2} = 0.758680$$

$$A_{12} = \frac{0.4(1+0.97355 \times 2 + 0.89670)}{2} = 0.768760$$

$$A_{13} = \frac{0.2(1+0.99334 \times 2 + 0.97355 \times 2 + 0.94107 \times 2 + 0.89670)}{2}$$
$$= 0.771261$$

$$A_{14} = 0.771887$$

그리고 식 (7.22)를 이용하면 다음과 같다.

$$A_{22} = \frac{4A_{12}-A_{11}}{4^1-1} = \frac{4 \times 0.76876 - 0.758680}{3} = 0.772120$$

$$A_{23} = \frac{4A_{13}-A_{12}}{3} = 0.772096$$

$$A_{24} = \frac{4A_{14}-A_{13}}{3} = 0.772095$$

$$A_{33} = \frac{4^2 A_{23} - A_{22}}{4^2 - 1} = 0.772095$$

$$A_{34} = \frac{4^2 A_{24} - A_{23}}{4^2 - 1} = 0.772095$$

$$A_{44} = \frac{4^3 A_{34} - A_{33}}{4^3 - 1} = 0.772095$$

이와 같은 과정을 표로 작성하면 다음과 같다.

0.758680	0.768760	0.771262	0.771887
	0.772120	0.772096	0.772095
		0.772095	0.772095
			0.772095

계산 결과 세 번째 행과 네 번째 행의 대각 요소의 차가 0이 되므로 계산은 중지된다. 따라서 적분값은 0.772095이다.

Program 8.5 ➡ Romberg 적분법(데이타 점이 주어진 경우)

```
function result=Romberg2(y, a, b)
% y : 입력 데이터 벡터
% a, b : 적분 구간

n=length(y) ;
A=zeros(4,4) ;
h=(b−a) ;

for i=1 : 4
  sum=y(1) + y(n) ;
  h=(b−a)/2^(i−1) ;
  if i==1
    A(i,1)=h/2*sum ;
  else
    for k=1 : 2^(i−1)−1
      sum=sum + 2*y(fix(k*h*10)+1) ;
    end
    A(i,1)=h/2*sum ;
  end
end
for c=2 : 4
  for d=2 : 4
      A(d,c)=(4^(c−1)*A(d,c−1)−A(d−1,c−1))/(4^(c−1)−1) ;
  end
end
result=A(c,d) ;
```

8.6 Gauss 구적법

앞에서 설명한 적분법들은 적분 구간이 등간격인 경우에 사용하는 방법들이다. 따라서 적분 구간 [a, b]를 등분하는 점들의 위치가 고정된다. 예를 들면 [그림 8.4(a)]와 같이 사다리꼴 적분법은 적분 구간의 양 끝점에 있는 함수 값을 연결하는 직선 아래의 면적을 근사 적분값으로 사용한다. 그러나 [그림 8.4(b)]와 같이 구간 [a, b]를 분할하는 점들의 위치를 변화시킬 수 있다면 좀 더 나은 결과를 얻을 수 있다. 즉 적분 구간의 끝점이 아닌 적분 구간 내의 서로 다른 점을 사용함으로써 양의 오차와 음의 오차가 균형을 이루게 하여 적분값을 개선하게 되는 것이다.

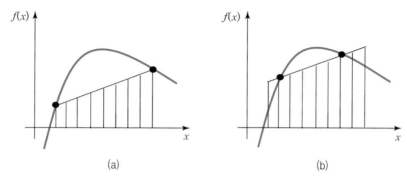

[그림 8.4] (a) 고정된 양 끝점을 연결하는 적분
(b) 적절하게 위치시킨 두 점으로 양의 오차와 음의 오차가 균형을 이룬 적분

Gauss 구적법은 간격이 동일하지 않은 데이터 점들에 대한 적분값을 구할 때 매우 좋은 수치 적분법이다.

구간 [a, b]에서의 함수 값의 평균을 f_{av}라고 할 때 평균치 정리에 의해 적분식을 구하면 다음과 같다.

$$\int_a^b f(x)dx = (b-a)f_{av}dx \tag{8.19}$$

여기서 함수 f_{av}가 구간 [a, b]의 함수 값의 선형 복합 함수에 의해 근사화 될 수 있다고 가정하면 다음과 같이 쓸 수 있다.

$$\int_a^b f(x)dx = c_0 f(x_0) + c_1 f(x_1) + \cdots + c_n f(x_n) \qquad (8.20)$$

여기서 c_0, c_1, …, c_n은 가중치(weight)이고, x_i는 함수 값을 결정할 점이다.

계산의 편의를 위해 아래와 같이 임의의 x값에 대하여 적분 구간을 $[-1, 1]$로 하고, 우변 항이 두 개인 경우에 대해 살펴보자.

$$\int_{-1}^1 f(t)dt = c_0 f(t_1) + c_1 f(t_2) \qquad (8.21)$$

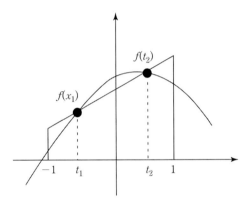

[그림 8.5] **적분 구간이 [−1, 1]이고, 우변항이 두 개인 경우**

식 (8.21)은 네 개의 미지수를 가지므로 상수 또는 1차, 2차, 3차 다항식에 대해 다음과 같이 등식이 성립하여야 한다.

$$f(t) = t^3 \; ; \; \int_{-1}^1 t^3 dt = 0 = c_0 t_1^3 + c_1 t_2^3 \qquad (8.22)$$

$$f(t) = t^2 \; ; \; \int_{-1}^1 t^2 dt = \frac{2}{3} = c_0 t_1^2 + c_1 t_2^2$$

$$f(t) = t \; ; \; \int_{-1}^1 t\,dt = 0 = c_0 t_1 + c_1 t_2$$

$$f(t) = 1 \; ; \; \int_{-1}^1 1\,dt = 2 = c_0 + c_1$$

세 번째 식에서 $t_1{}^2$을 곱한 후 첫 번째 식에서 빼면 다음과 같다.

$$0 = c_1(t_2^3 - t_2 t_1^2) = c_1(t_2)(t_2 - t_1)(t_2 + t_1) \qquad (8.23)$$

이때 식 (8.23)이 성립하려면 다음을 만족하여야 한다.

$$c_1 = 0, \, t_2 = 0, \, t_1 = t_2 \text{ 또는 } \quad t_2 = -t_1$$

그러나 $c_1 = 0$인 경우에는 식 (8.21)의 우변 항이 한 개가 되고, $t_2 = 0$와 $t_2 = t_1$이면 적분 구간이 틀리게 되므로 $t_2 = -t_1$인 경우에만 식 (8.21)이 성립된다. 따라서 식 (8.22)를 이용하면 다음을 구할 수 있다.

$$c_0 = c_1 = 1$$

$$t_2 = -t_1 = 1/\sqrt{3} = 0.5773$$

이 값을 식 (8.21)에 대입하면 구하는 식은 다음과 같게 된다.

$$\int_{-1}^{1} f(t)dt = f(-0.5773) + f(0.5773) \qquad (8.24)$$

그러나 식 (8.24)는 함수 $f(x)$의 적분 구간이 $[-1, 1]$에 대해서만 적용되므로 다른 적분 구간 $[a, b]$에 대해서는 적분 구간 변수를 바꾸어 $[-1, 1]$이 되게 하여야 한다. 이는 계산을 단순하게 하고 공식을 가능한 한 일반화하기 위해서이며 간단한 변수 변환을 통해 적분 구간을 변환시킬 수 있다. 따라서 적분식에서 x와 dx는 다음과 같이 치환될 수 있다.

$$x = \frac{(b-a)t + b + a}{2}$$

$$dx = \frac{b-a}{2}dt \qquad (8.25)$$

이때 구간 $[a, b]$에서 $f(x)$의 적분값은 다음과 같이 계산된다.

$$\int_a^b f(x)dx = \frac{b-a}{2} \int_{-1}^1 f(\frac{(b-a)t+b+a}{2})dt \qquad (8.26)$$

이는 적분값의 변화없이 적분 구간을 효과적으로 변환시킨다.

[표 8.1]은 식 (8.21)에서 우변 항이 세 개 이상인 경우에 대해 가중치 c_i와 t_i를 정리한 것이다.

[표 8.1] Gauss 적분법의 가중치 c_i와 t_i

항 수	c_i	t_i
2	1.0 1.0	0.5773502691 −0.5773502691
3	0.888888889 0.555555556 0.555555556	0.0 0.7745966692 −0.7745966692
4	0.6521451548 0.6521451548 0.3478548451 0.3478548451	0.0 0.3399810435 −0.3399810435 0.8611363115 −0.8611363115

예제 8.6

다음의 적분을 Gauss 적분법으로 구하라. 실제해는 1이다.

$$\int_0^{\pi/2} \sin x \, dx$$

풀이 적분 구간이 $[-1,\ 1]$이 되도록 하기 위해 식(8.25)를 이용하여 x와 dx를 구한다.

$$x = \frac{(\pi/2)t + \pi/2}{2}$$

$$dx = (\frac{\pi}{4})dt$$

따라서 식 (8.26)로부터 적분값을 구할 수 있다.

$$\int_0^{\pi/2} \sin x \, dx = \frac{\pi}{4} \int_{-1}^1 \sin\left(\frac{\pi t + \pi}{4}\right) dt$$

이때 식 (8.24)의 우변항의 값은 각각 다음과 같다.

$$f(-0.5773) = \sin\left(\frac{-0.5773\pi + \pi}{4}\right) = \sin(0.10566\pi)$$

$$f(0.5773) = \sin\left(\frac{0.5773\pi + \pi}{4}\right) = \sin(0.39434\pi)$$

따라서 구하는 적분값은 다음과 같다.

$$\int_0^{\pi/2} \sin x \, dx = \frac{\pi}{4}[\sin(0.10566\pi) + \sin(0.39434\pi)] = 0.99847$$

이는 0.16%의 백분율 상대 오차를 보여준다. 이 결과는 네 개의 구간에 적용한 사다리꼴 공식의 결과나 단일 구간에 적용한 Simpson의 1/3 법칙과 Simpson의 3/8 법칙의 결과와 그 크기가 유사하다. 그러나 Gauss 구적법은 단지 두 개의 함수값에 근거하여 3차의 정확도를 가질 수 있다.

```
function A=gauss(func, a, b, n)

% func : 적분하고자 하는  함수
% a, b : 적분 구간
% n    : 우변항의 개수

if((n==2) | (n==4) | (n==8) | (n==16))
    % 가중치 c와 t의 초기화, 각 열의 성분이 해당 값임
    c=zeros(8,4) ; t=zeros(8,4) ;
    c(1,1)=1 ;
    c(1:2,2)=[0.6521451548 ; 0.3478548451] ;
    c(1:4,3)=[0.3626837833 ; 0.3137066458 ; 0.2223810344 ; 0.1012285362] ;
    c(:,4)=[0.1894506104 ; 0.1826034150 ; 0.1691565193 ; 0.1495959888 ; …
            0.1246289712 ; 0.0951585116 ; 0.0622535239 ; 0.0271524594] ;

    t(1,1)=0.5773502691;
    t(1:2,2)=[0.3399810435 ; 0.8611363115] ;
    t(1:4,3)=[0.1834346426 ; 0.5255324099 ; 0.7966664774 ; 0.96028998564] ;
    t(:,4)=[0.0950125098 ; 0.2816035507 ; 0.4580167776 ; 0.6178762444 ; …
            0.7554044084 ; 0.8656312023 ; 0.9445750230 ; 0.9894009350] ;

    j=1 ;
    while j<=4
        if 2^j == n, break ;   % n이 2의 멱수일 때만 계산됨
        else
            j=j+1;
        end
    end
    sum=0;

    % 면적 계산
    for i=1:n/2
        x1=((b-a)*t(i,j)+b+a)/2 ; x2=(-(b-a)*t(i,j)+b+a)/2 ;
        sum=sum+c(i,j)*(feval(func, x1) + feval(func,x2)) ;
    end
    A=(b-a)/2*sum;
end
```

MATLAB은 수치 적분을 위한 내장 함수를 제공하며, 사용 형식은 다음과 같다.

- int('func') : $\int f(x)dx$: 부정적분, x는 심볼릭 변수
- int('func',s) : $\int f(x,s)ds$
- int('func',a,b) : $\int_a^b f(x)dx$: a에서 b까지의 정적분 값을 구함
- trapz(x,y) : 벡터 x에 대한 벡터 y의 적분을 합성 사다리꼴 적분법으로 구함
- quad('func',a,b,tol) : $\int_a^b f(x)dx$ 을 Simpson 구적법을 이용하여 임계치 tol을 만족할 때까지 수행(낮은 정확도, 완만하지 않은 함수에 더욱 효율적)
- quad1('func',a,b,tol) : $\int_a^b f(x)dx$ 을 Lobatto 구적법을 이용하여 임계치 tol을 만족할 때까지 수행(높은 정확도, 완만한 함수에 더 효율적)

예를 들어 함수 $f(x) = \dfrac{1}{x^2+1}$ 을 구간 [0, 5]에서 적분해 보자.

```
>> syms x                % 변수 x를 심볼릭 변수로 선언 후
>> int(1/((x^2)+1), 0, 5)  % 정적분
ans =
    atan(5)
```

함수의 적분값이 $\tan^{-1}(5)$임을 알 수 있다.

```
>> syms x        % 변수 x를 심볼릭 변수로 선언 후
>> int(1, x, 0, 5)  % 상수 1을 x에 대해 정적분
ans =
    5
```

또한 x, y 벡터가 주어진 경우 trapz 함수를 사용하여 적분 값을 구해 보면 다음과 같다. 이때 입력은 반드시 벡터여야 한다.

```
>> y=[1.000 0.800 0.500 0.308 0.200 0.138 0.100 0.075 0.059 0.047 0.038];
>> x=[0 0.5 1.0 1.5 2.0 2.5 3.0 3.5 4.0 4.5 5.0];
>> trapz(x, y)
ans =
    1.3730

>> quad('sin(x)', 0,pi/2) %  $\int_0^{\frac{\pi}{2}} \sin x dx$
ans =
    1.0000
```

1. 아래의 표에 주어진 데이터의 적분값을 계산하라.

x	0	0.1	0.2	0.3	0.4	0.5
$f(x)$	1	8	4	3.5	5	1

① 사다리꼴 적분법을 이용하라.

② Simpson 1/3 적분법을 이용하라.

③ Simpson 3/8 적분법을 이용하라.

2. 다음의 속도 데이터를 이용하여 여행한 거리를 계산하라.

t	1	2	3	4	5	6	7	8	9	10
$\vec{v}$	5	6	5	7	8	6	6	7	7	5

① 사다리꼴 적분법을 이용하라.

② 표의 데이터를 다항식 회귀분석을 이용하여 3차 다항식으로 접합시키고, 거리를 계산하기 위해 3차 방정식으로 적분하라.

3. 사다리꼴, Simpson의 1/3, Simpson의 3/8 법칙을 이용하여 다음에 주어진 다항식의 수치 적분값을 계산하고 실제값과 비교하라.

① $\int_0^3 \dfrac{1}{1+x^2} dx$ (h=0.2)

② $\int_0^{\frac{\pi}{2}} x\cos x\, dx$ (h=π/4)

③ MATLAB 함수 int 이용

4. Romberg 적분법, Gauss 적분법을 이용하여 다음 다항식의 수치 적분값을 계산하고 그 결과를 비교하라.

① $\displaystyle\int_{0}^{3} x e^{x} dx$ (h=0.1)

② $\displaystyle\int_{1}^{2} (2x + \frac{3}{x})^{2} dx$ (h=0.1)

③ MATLAB 함수 quad 이용

5. 다음의 2중 적분을 계산하라.

$$\int_{0}^{2}\int_{-1}^{3} (x^{2} - 2xy + 1) dx dy$$

① 해석적인 방법

② 단일 구간에 대한 Simpson 1/3 적분법 이용

③ 백분율 상대 오차를 계산하라.

6. 길이 방향의 비중이 변하는 봉의 질량은 다음과 같이 구할 수 있다.

$$m = \int_{0}^{L} \rho(x) A_{c}(x) dx$$

여기서 m은 질량, $\rho(x)$는 밀도, $A_{c}(x)$는 단면적 그리고 x는 봉의 길이 방향 거리, L은 봉의 전체 길이를 나타낸다. 다음 데이터는 길이 10m인 봉에 대해 측정한 것이다.

$x [m]$	0	2	3	4	6	8	10
$\rho [g/cm^{3}]$	4.00	3.95	3.89	3.80	3.60	3.41	3.30
$A_{c} [cm^{2}]$	100	103	106	110	120	133	150

봉의 총 질량(kg)을 가능한 한 정확하게 구하라.

상미분 방정식

자연과학이나 공학의 많은 문제들은 그 현상들이 수학적 모델인 미분방정식으로 표현된다. 미분 방정식의 해를 통해 현상을 분석하고 예측하는 것이 가능하므로 미분 방정식은 자연 현상이나 공학의 많은 문제를 해결하는데 있어서 매우 중요한 도구이다. 그러나 미분 방정식의 해가 존재한다 하더라도 해를 명확하게 수식으로 나타내기는 쉽지 않다. 따라서 수치 해석을 통해 근사해를 구하는 것이 매우 중요하다. 이 장에서는 여러 형태의 미분 방정식 가운데 초기치가 주어진 형태의 미분 방정식에 대한 수치 해를 구하는 방법들에 대해 알아본다.

상미분 방정식

9.1 초기치 문제

미분 방정식은 독립 변수와 그 변수에 관한 함수 및 도함수간의 관계를 나타내는 방정식이다. 미지의 함수가 한 개의 독립 변수를 가질 때의 미분 방정식을 상미분 방정식(ordinary differential equation)이라 하며, 두 변수 이상의 함수일 때 편미분 방정식(partial differential equation)이라 한다. 또한 미분 방정식에 포함되어 있는 도함수 중에서 최고차 도함수의 차수를 그 미분 방정식의 계수(order)라 하며, 최고차 도함수의 멱수(power)를 그 미분 방정식의 차수(degree)라고 한다. 정의에 의해 미분 방정식을 구분하면 다음과 같다.

$$(\frac{dy}{dx} - y)^3 - 2x = 0 \qquad \text{(1계 3차 상미분 방정식)}$$

$$\frac{d^3y}{dx^3} - \left(\frac{d^2y}{dx^2}\right)^3 + y = 0 \qquad \text{(3계 1차 상미분 방정식)}$$

$$\frac{\partial z}{\partial x} - \frac{\partial z}{\partial y} + 1 = 0 \qquad \text{(1계 1차 편미분 방정식)}$$

상미분 방정식은 크게 초기값 문제(initial value problem)와 경계값 문제(boundary value problem)로 나눌 수 있다. 초기값 문제는 하나의 독립 변수에 대해 같은 값의 조건이 주어진 경우로써 전형적인 초기값 문제는 다음과 같다.

$$a\frac{dy^2}{dt^2} + b\frac{dy}{dx} + cy = f(t), y(0) = y_0, \frac{dy}{dt}(0) = V_0 \qquad (9.1)$$

식 (9.1)은 단순조화 진동자에서 힘의 균형을 표현한 식으로써, 시간 t에 따른 진동자의 위치 y를 묘사하고 있다. 이때 주어진 미분 방정식은 2계 미분 방정식이므로 해를 구하려면 두 개의 조건이 필요하며, 두 개의 조건이 모두 $t = 0$에서 주어져 있다. 이러한 문제를 초기값 문제라고 한다.

반면 경계값 문제는 초기 조건이 $y(0) = y_0, y(L) = y_1$와 같이 독립 변수의 값이 $t = 0$과 $t = L$와 같이 다른 경우로 주어진 경우이다.

실제적인 문제에서는 초기값 문제가 경계값 문제보다 자주 나타나므로 매우 중요하다고 할 수 있다. 일반적으로 초기값 문제는 한 개 또는 그 이상의 1계 상미분 방정식의 결합된 집합과 각각의 초기 조건으로 나타낼 수 있으며, 초기값 문제의 일반적인 형태는 다음과 같다.

$$\frac{dy_1}{dt} = f_1(y_1, y_2, \cdots, y_n, t) \qquad (9.2)$$

$$\frac{dy_2}{dt} = f_2(y_1, y_2, \cdots, y_n, t)$$

$$\vdots$$

$$\frac{dy_n}{dt} = f_n(y_1, y_2, \cdots, y_n, t)$$

임의의 초기값 문제는 1계 상미분 방정식의 집합으로 표시할 수 있으므로 1계 상미분 방정식과 초기 조건으로 이루어진 초기값 문제를 풀고, 이를 1차 연립 상미분방정식의 집합으로 확장하여 푼다.

9.2 Euler의 방법

초기 조건이 주어졌을 때 상미분 방정식의 수치 해를 얻기 위한 가장 간단한 방법 중의 하나는 Euler의 방법이다. 이 방법은 다음과 같이 테일러 급수식에서 첫 두 개의 항만을 사용한다.

$$y(x_0 + h) = y(x_0) + y'(x_0)h \tag{9.3}$$

여기서 $x_1 = x_0 + h$라 두고, $y_1 = y(x_1)$, $y_0 = y(x_0)$라 두면 식 (9.3)는 다음과 같이 표현할 수 있다.

$$y_1 = y_0 + hy'_0 \tag{9.4}$$

그리고 식 (9.4)를 일반적인 형태로 표현하면 다음과 같다.

$$y_{i+1} = y_i + hy'_i \; i = 0, 1, 2,... \tag{9.5}$$

이 때 식 (9.5)를 식 (9.2)의 형태로 변형하면 다음과 같이 i가 반복 횟수인 식이 유도된다.

$$y_{i+1} = y_i + hf(x_i, y_i) \; , \;\; i = 0, 1, 2, \; ... \tag{9.6}$$

이는 [그림 9.1]과 같이 초기 조건이 주어지면 식 (9.6)을 단계적으로 진행함으로써 새로운 x에서 y의 값을 얻을 수 있음을 의미한다.

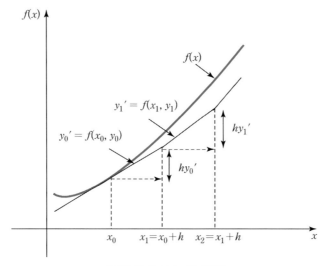

[그림 9.1] Euler의 방법

[그림 9.1]에서 시작점 $(x_0,\ y_0)$에서 기울기 y_0'를 구하고, x_1점에서의 y_1을 구한다. 이때 y_1은 식 (9.5)에 의해 y_0에 x_1점에서의 y의 증분값을 더한 것이다. 이 점을 시작점으로 하여 다시 y_1'를 구하고 이러한 과정을 반복적으로 수행한다. 이 방법은 매우 간단하기는 하나 h의 값에 따라 실제값과의 오차가 크다는 단점이 있다. 따라서 Euler 방법은 실제로는 거의 사용되지 않는다.

예제 9.1

Euler의 방법을 이용하여 $y' = -y + 1$를 $x = 0$에서 0.3까지 간격 h를 0.1로 하여 해를 구하라. 단, 초기 조건은 $y(0) = 0$이며, 정확한 해는 $y = -e^{-t} + 1$이다.

풀이 (i) 초기 조건에서 $x_0 = 0,\ y_0 = 0$이므로 다음과 같다.

$$y_1 = y_0 + hf'(x_0, y_0) = 0 + (0.1)(1) = 0.1$$

(ii) $x_1 = x_0 + h = 0.1,\ y_1 = 0.1$이므로 다음과 같다.

$$y_2 = y_1 + hf'(x_1, y_1) = 0.1 + (0.1)(-0.1 + 1)$$
$$= 0.1 + (0.1)(0.9)$$
$$= 0.19$$

(ii) $x_2 = x_1 + h = 0.2,\ y_2 = 0.19$이므로 다음과 같다.

$$y_3 = y_2 + hf'(x_2, y_2) = 0.19 + (0.1)(-0.19 + 1)$$
$$= 0.1 + (0.1)(0.9)$$
$$= 0.271$$

실제값과 근사값을 비교한 결과는 다음과 같다.

x	실제값	근사값	상대 오차(%)
0	0.0000	0.0000	
0.1	0.0952	0.1000	5.0%
0.2	0.1813	0.1900	4.8%
0.3	0.2592	0.2710	4.6%

계산 결과 실제값과 근사값과의 백분율 상대 오차가 크다는 것을 알 수 있다. 그러나 이러한 오차는 h를 작게 함으로써 어느 정도 줄일 수 있다.

```
function [x,y]=feuler(f, x0,y0,xn,h)

% f : 1계 1차 상미분 방정식
% x0, xn : x의 초기값과 최종값
% y0 : y의 초기값
% h : x의 간격

x=(x0 : h : xn)';  % x0에서 xn까지 h의 간격으로 벡터 x를 생성
n = length(x);      % 벡터 x의 개수 계산
y=zeros(n,1);
y(1)=y0;

for i=2:n
   y(i)=y(i-1) + h*feval(f,x(i-1),y(i-1));
end
```

```
% 상미분 방정식을 정의한 M-파일

function f=func1(x, y)
% 상미분 방정식의 정의
f=-y+1;
```

```
>> [x, y]=feuler('func1',0,0,3,0.1);
>> [x,y]
ans=
        0      0
   1.0000    0.1000
   2.0000    0.1900
   3.0000    0.2710
```

9.3 개선된 Euler의 방법

Euler의 방법에서 오차가 발생하는 주된 원인은 간격의 시작점에서의 도함수를 간격 전체에 적용한다는 것이다. 반면 중점법(midpoint method)은 이러한 문제점을 해결하기 위한 방법 중 하나로써 [그림 9.2]와 같이 소구간의 중앙점에서의 기울기를 사용한다.

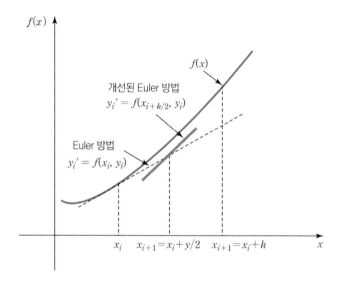

[그림 9.2] 개선된 Euler의 방법

이 방법은 간격의 중점에서의 y값을 예측하기 위해 다음과 같이 Euler 방법을 이용한다.

$$y_{i+1} = y_i + \frac{(y'_i + y'_{i+1})}{2}h \tag{9.7}$$

이러한 방법으로 예측한 값은 중점에서의 기울기를 구하는 데 사용한다. 그러나 y_{i+1}을 구하기 전에 y'_{i+1}을 구할 수 없다. 따라서 식 (9.5)로부터 y_{i+1}의 예측값 y^*_{i+1}을 추정하고, 이 값을 식 (9.7)의 y'_{i+1}의 계산에 사용함으로써 보정된 y_{i+1}값을 구한다. 이와 같은 예측보정의 과정을 보정된 값이 안정될 때까지 여러 번 반복한다. 이를 정리하면 다음과 같다.

단계 1. 점 (x_i, y_i)에서의 기울기 $k_1 = f(x_i, y_i)$을 계산한다.

단계 2. 점 (x_i, y_i)를 지나고 기울기 k_1을 갖는 직선의 x_{i+1}에서의 값

$y^*_{i+1} = y_i + f(x_i, y_i)h$를 구한다. 이 값은 Euler 방법에서 구한 y_{i+1}와 같은 값이다.

단계 3. (x_{i+1}, y^*_{i+1})에서의 기울기 $k_2 = f(x_{i+1}, y^*_{i+1})$를 구한다.

단계 4. 두 기울기 k_1, k_2의 평균 기울기 $\bar{k} = (k_1 + k_2)/2$를 구한다.

단계 5. (x_i, y_i)를 지나고 기울기로 $\bar{k}$를 갖는 직선의 x_{i+1}에서의 값

$$y_{i+1} = y_i + \bar{k}h = y_i + \frac{f(x_i, y_i) + f(x_{i+1}, y^*)}{2}h$$를 구한다.

대부분 3회 이상의 반복이 필요한 경우에는 구간의 크기를 더욱 줄이는 것이 좋다. 이와 같은 미분 방정식의 해법을 개선된 Euler 방법 또는 예측자·보정자 방법(predictor-corrector method)이라고 한다.

예제 9.2

중점법을 이용하여 $y' = -y + 1$를 $x = 0.1$에서의 해를 구하고, Euler 방법과 비교하라. 단, 초기 조건은 $y(0) = 0$이며, $h = 0.1$이다.

풀이 단계 1. $(0,\ 0)$에서의 기울기 $k_1 = f(0,0) = y_0 + 1 = 1$

단계 2. $(0,\ 0)$을 지나고 기울기로 $k_1 = 1$을 갖는 직선의 $x_{i+1} = 0.1$에서의 값은

$y^*_1 = y_0 + f(x_0, y_0)h = 0 + (1)(0.1) = 0.1$

단계 3. $(x_1, y^*_1) = (0.1, 0.1)$에서의 기울기

$k_2 = f(x_1, y^*_1) = -0.1 + 1 = 0.9$

단계 4. 두 기울기 k_1, k_2의 평균 $\bar{k} = (1 + 0.9)/2 = 0.95$

단계 5. $(x_1, y_1) = (0,0)$을 지나고 기울기로 $\bar{k} = 0.95$를 갖는 직선의 $t_1 = 0.1$에서의 값 $y_1 = y_0 = \bar{k}h = 0 + 0.95(0.1) = 0.095$가 된다.

실제값은 0.0952이므로 백분율 상대 오차는 0.21%가 된다. 이로부터 Euler 방법(5%)에 비해 오차가 훨씬 작음을 알 수 있다.

```
function [x,y]=feulermod(f, x0,y0,xn,h)

% f : 1계 1차 상미분 방정식
% x0, xn : x의 초기값과 최종값
% y0 : y의 초기값
% h : x의 스텝 크기

x=(x0 : h : xn)' ;  % x0에서 xn까지 균일 간격 h의 벡터 생성
n=length(x);     % x의 개수 계산
y=zeros(n,1) ;
yd=zeros(n,1) ;
ydd=zeros(n,1) ;
y(1)=y0 ;

for i=1:n-1
  yd(i)=feval(f,x(i),y(i)) ; % y0의 미분값 계산
  y(i+1)=y(i)+h*yd(i) ; % y1의 값 계산
  ydd(i+1)=feval(f,x(i+1),y(i+1)) ; % y1의 예측값
  y(i+1)=y(i)+h/2*(yd(i)+ydd(i+1)) ; % y1의 보정값 계산
end
```

예제 9.2를 실행하면 다음과 같은 결과를 얻는다.

```
>> [x, y]=feuler('func1',0,0,0.3,0.1) ;
>> [x,y]
ans =
        0    0
   1.0000   0.0950
   2.0000   0.1810
   3.0000   0.2588
```

9.4 Runge-Kutta의 방법

Runge-Kutta의 방법은 초기 조건이 주어졌을 때 미분 방정식의 근사해를 얻기 위해 가장 널리 사용되는 방법이다. 이 방법은 테일러 급수를 몇 번째 항까지 선택하느냐에 따라 2계, 3계, 4계, 5계 등의 Runge-Kutta의 방법으로 불린다.

이 방법에는 여러 가지가 있지만 식 (9.8)과 같은 일반적인 형식을 가진다.

$$y_{i+1} = y_i + \phi h \tag{9.8}$$

여기서 ϕ는 증분 함수로써 간격 전체를 대표하는 기울기라고 볼 수 있다. 증분 함수는 일반적으로 다음과 같이 표현된다.

$$\phi = a_1 k_1 + a_2 k_2 + \cdots + a_n k_n \tag{9.9}$$

여기서 a는 상수이며, k는 다음과 같다.

$$k_1 = f(x_i, y_i)$$
$$k_2 = f(x_i + p_1 h, y_i + q_{11} k_1 h)$$
$$k_3 = f(x_i + p_2 h, y_i + q_{21} k_1 h + q_{22} k_2 h)$$
$$\vdots$$
$$k_n = f(x_i + p_{n-1} h, y_i + q_{n-1,1} k_1 h + q_{n-1,2} k_2 h + \cdots + q_{n-1,n-1} k_{n-1} h)$$

$$\tag{9.10}$$

여기서 p, q는 상수이다. 식 (9.10)에서 알 수 있듯이 k는 순환적 관계를 가진다. 즉 k_1이 k_2에 대한 방정식에 사용되고, k_2는 k_3를 구하는 방정식에 사용된다.

n의 값에 따라 증분 함수를 다양하게 선정함으로써 여러 종류의 Runge-Kutta 법이 유도될 수 있다. 특히 n=1인 경우, 1계 Runge-Kutta 방법은 Euler 방법에 해당한다. 일반적으로 가장 널리 사용되는 방법은 4계 Runge-Kutta의 방법이며 아래와 같은 방법으로 해를 구하게 된다.

$$y_{i+1} = y_i + \frac{1}{6}(k_1 + 2k_2 + 2k_3 + k_4) \tag{9.11}$$

여기서 k_1, k_2, k_3, k_4는 다음과 같고, 각각의 k 값은 기울기를 나타낸다.

$$k_1 = f(x_i, y_i) \tag{9.12}$$

$$k_2 = f(x_i + \frac{1}{2}h, \ y_i + \frac{1}{2}k_1 h)$$

$$k_3 = f(x_i + \frac{1}{2}h, \ y_i + \frac{1}{2}k_2 h)$$

$$k_4 = f(x_i + h, \ y_i + k_3 h)$$

예제 9.3

미분 방정식 $y' = 4e^{0.8x} - 0.5y$에서 $x = 0$에서 3까지의 해를 4계 Runge–Kutta의 방법을 이용하여 구하라. 초기 조건은 $y(0) = 2$, $h = 1$이다. 정확한 해는
$y = 3.08(e^{0.8x} - e^{-0.5x}) + 2e^{-0.5x}$

풀이 식 (9.14)를 이용하여 간격의 시작점에서의 기울기는 다음과 같이 계산된다.

$k_1 = f(0, 2) = 4e^{0.8(0)} - 0.5(2) = 3$

이 값은 중점에서의 y값과 기울기를 구하는데 사용된다.

$y(\frac{1}{2}) = 2 + 3(\frac{1}{2}) = 3.5$

$k_2 = f(\frac{1}{2}, 2 + \frac{1}{2}(3)) = 4e^{0.8(\frac{1}{2})} - 0.5\left(\frac{7}{2}\right)) = 4.217299$

이 기울기는 다시 중점에서의 또 다른 y값과 기울기를 구하는데 사용된다.

$y(\frac{1}{2}) = 2 + 4.217299(\frac{1}{2}) = 4.108649$

$$k_3 = f\left(\frac{1}{2}, 2 + \frac{1}{2}(4.217299)\right) = 4e^{0.8\left(\frac{1}{2}\right)} - 0.5(4.108649) = 3.912974$$

위의 과정을 반복하여 간격 끝에서의 y값과 기울기를 구하면 다음과 같다.

$$y\left(\frac{1}{2}\right) = 2 + 3.912974(1.0) = 5.91297$$

$$k_4 = f(1, 2 + 3.912974) = 4e^{0.8(1)} - 0.5(5.912974) = 5.945677$$

마지막으로 이 네 개의 기울기를 합성하여 평균 기울기를 구한다. 이 평균 기울기를 간격 끝에서의 최종적인 추정값을 얻는데 사용한다.

$$\phi = \frac{1}{6}[3 + 2(4.217299) + 2(3.912974) + 5.945677] = 4.201037$$

$$y(1.0) = 2 + 4.201037(1.0) = 6.201037$$

이러한 과정을 x가 3이 될 때까지 반복한 결과는 아래와 같다.

x	실제값	근사값	상대 오차(%)
0	2.0000	2.0000	
1	6.1946	6.2010	0.1033
2	14.8439	14.8625	0.1253
3	33.6772	33.7213	0.1309

이 방법은 한 번의 계산 과정으로 Euler 방법과 개선된 Euler 방법보다 훨씬 정확한 해를 구할 수 있음을 알 수 있다.

```
function [x,y]=RungeKutta(f, x0,y0,xn,h)

% f : 1계 1차 상미분 방정식
% x0, xn : x의 초기값과 최종값
% y0 : y의 초기값
% h : x의 스텝 크기

x=(x0 : h : xn)';% x0에서 xn까지 h 간격의 벡터 x 생성
n=length(x) ;   % x의 크기 계산
y=zeros(n,1) ;
k1=zeros(n,1) ; k2=zeros(n,1) ; k3=zeros(n,1) ; k4=zeros(n,1) ;
y(1)=y0 ;

for i=1:n−1
  k1(i)=h*feval(f,x(i),y(i))  % k1 계산
  k2(i)=h*feval(f,x(i)+0.5*h,y(i)+0.5*k1(i))        % k2 계산
  k3(i)=h*feval(f,x(i)+0.5*h,y(i)+0.5*k2(i))        % k3 계산
  k4(i)=h*feval(f,x(i)+h,y(i)+k3(i))   % k4 계산
  y(i+1)=y(i)+1/6*(k1(i)+2*k2(i)+2*k3(i)+k4(i))  % y 계산
end
```

```
>> [x,y]=Rungekutta('funcl', 0, 2, 3, 1)
ans =
        0    2.0000
   1.0000    6.2010
   2.0000   14.8625
   3.0000   33.7213
```

9.5 적응식 Runge-Kutta의 방법

앞 절에서 설명했던 Euler 방법이나 Runge-Kutta 방법은 상미분 방정식을 풀기 위해 간격 h를 일정하게 유지하는 방법들이었다. 그러나 많은 경우 일정 간격은 심각한 제한 조건으로 작용한다. 예를 들어 상미분 방정식의 해가 급격한 변화를 보이는 경우, 점진적으로 변하는 영역은 큰 간격을 사용해도 비교적 정확한 결과를 얻을 수 있다. 그러나 급격한 변화를 보이는 해를 정확하게 추정하려면 매우 작은 간격이 요구된다. 하지만 미세한 간격을 전체 영역에 모두 적용할 경우 많은 계산량과 시간이 소요되는 문제점이 발생한다. 따라서 이 절에서는 간격의 크기를 자동적으로 조정하는 적응식 Runge-Kutta 방법에 대해 설명하고자 한다.

먼저 2차와 3차 Runge-Kutta 방법을 이용하여 아래와 같이 상미분 방정식의 해를 구한다.

$$y_{i+1} = y_i + \frac{1}{9}(2k_1 + 3k_2 + 4k_3)h \tag{9.13}$$

여기서 k_1, k_2, k_3은 다음과 같이 계산한다.

$$k_1 = f(x_i, y_i) \tag{9.14}$$

$$k_2 = f(x_i + \frac{1}{2}h, y_i + \frac{1}{2}k_1h)$$

$$k_3 = f(x_i + \frac{3}{4}h, y_i + \frac{3}{4}k_2h)$$

그리고 간격 크기 조정을 위해 다음과 같이 오차를 추정한다.

$$E_{i+1} = \frac{1}{72}(-5k_1 + 6k_2 + 8k_3 - 9k_4)h \tag{9.15}$$

여기서 $k_4 = f(t_{i+1}, y_{i+1})$이다.

각 단계 이후에는 오차가 요구하는 허용 범위 내에 있는지를 확인한다. 만약 y_{i+1}값이 채택되면 k_4는 다음 단계의 k_1이 된다. 그러나 오차가 너무 크면 간격 크기를 줄여 추정한 오차가 다음의 조건을 만족할 때까지 그 단계를 반복한다.

$$E \leq \max(\ relerr \times |y|,\ abstol)$$ (9.16)

여기서 relerr는 상대 허용오차이고, abstol은 절대 허용오차이다. 상대오차에 대한 기준으로 지금까지 많은 경우에 사용했던 백분율 상대오차 보다는 분수를 사용한다.

9.6 다단계 방법

앞에서 살펴본 세 가지 방법들은 각각의 연속적인 y_{i+1}의 값들이 y_i에 의해서만 계산되었다. 반면에 다단계(multistep) 또는 연속 방법(continuing method)에서는 y_{i+1}을 얻기 위해 여러 단계에 걸쳐 계산된 값들을 이용하므로 보다 정확한 계산 결과를 얻을 수 있다. 이 절에서는 다단계 방법으로 가장 많이 사용되는 예측자-수정자 방법(predictor-corrector method)에 대해 설명한다.

예측자-수정자 방법은 식 (9.19)와 같이 y_{i+1}^*을 예측하고, 이를 수정된 y_{i+1}을 얻는데 사용한다. 여기서 사용되는 예측자는 Adams-Bashforth 공식이다.

$$y_{i+1}^* = y_i + \frac{h}{24}(55y'_i - 59y'_{i-1} + 37y'_{i-2} - 9y'_{i-3})$$ (9.17)

$$y'_i = f(x_i, y_i)$$

$$y'_{i-1} = f(x_{i-1}, y_{i-1})$$

$$y'_{i-2} = f(x_{i-2}, y_{i-2})$$

$$y'_{i-3} = f(x_{i-3}, y_{i-3})$$

여기서 $i \geq 3$이다. 이 때 y_{i+1}^*은 다음과 같은 수정자 Adams-Moulton 공식에 대입된다.

$$y_{i+1} = y_i + \frac{h}{24}(9y'_{i+1} + 19y'_i - 5y'_{i-1} + y'_{i-2}) \tag{9.18}$$

$$y'_{i+1} = f(x_{i+1}, y^*_{i+1})$$

주의할 점은 처음 시작의 네 개의 점은 Runge–Kutta의 방법을 이용하여 구한다는 것이다.

예제 9.4

[예제 9.3]의 미분 방정식을 Adams–Moulton의 방법을 이용하여 구하라.
단, $x = 0$에서 5까지 간격 h를 1로 하여 구하라.

풀이 $x = 0$에서 3까지는 [예제 9.3]에서 구한 Runge–Kutta 방법의 결과를 이용한다.

k	x_k	y_k
0	0	2.0000
1	1	6.2010
2	2	14.8625
3	3	33.7213

따라서 식 [9.19]로부터 예측자 $y_4{}^*$을 구하면 다음과 같다.

$$y_4{}^* = y_3 + \frac{1}{24}(55y'_3 - 59y'_2 + 37y'_1 - 9y'_0) = 73.5111$$

여기서 y'_3, y'_2, y'_1, y'_0은 다음과 같이 계산된다.

$$y'_3 = f(x_3, y_3) = f(3, 33.7213) = 4e^{0.8(3)} - 0.5(33.7213) = 27.2321$$
$$y'_2 = f(x_2, y_2) = f(2, 14.8625) = 4e^{0.8(2)} - 0.5(14.8625) = 12.3809$$
$$y'_1 = f(x_1, y_1) = f(1, 6.2010) = 4e^{0.8(1)} - 0.5(6.2010) = 5.8017$$
$$y'_0 = f(x_0, y_0) = f(0, 2.0000) = 4e^{0.8(0)} - 0.5(2.0000) = 3$$

따라서 식 [9.18]로부터 수정자 y_4를 구하면 다음 식과 같다.

$$y_4 = y_3 + \frac{1}{24}(9y'_4 + 19y'_3 - 5y'_2 + y'_1) = 75.9579$$

여기서 $y'_4 = f(x_4, y *_4) = 4e^{0.8(4)} - 0.5(73.5111) = 61.3746$이다.
위와 같은 방법을 반복 적용하여 결과를 정리하면 아래의 표와 같다.

x	실제값	근사값	상대 오차(%)
0	2.0000	2.0000	
1	6.1946	6.2010	0.1033
2	14.8439	14.8625	0.1253
3	33.6772	33.7213	0.1309
4	75.4140	75.9575	0.7207
5	168.0737	174.7144	3.9511
6	374.1983	376.1958	0.5338

미분 방정식의 여러 수치 해법 가운데 가장 적절한 방법을 선택하기 위해서는 많은 경험과 고찰이 필요하다. 특히 4계 Runge-Kutta의 방법은 계산량은 많으나 정확성이 높고 프로그램 작성이 용이하다. 반면 이전 단계에서 계산된 함수값이 저장되는 다단계 방법은 각 단계에서 새로운 함수값 하나만 계산하면 되므로 계산량이 상당히 줄어든다. 그러나 각 단계에서 Adams-Moulton 수정자 공식을 몇 번 반복해야 하는가가 문제이다. 즉 수정자가 매번 사용될 때마다 새로운 함수값을 계산해야 하므로 정확성은 높아지지만 계산을 줄이는 다단계 방법의 이점을 잃게 된다. 실제로 수정자를 한 번 계산한 후 y_{i+1}의 값이 크게 변한다면 h의 크기를 작게 하여 전체 문제를 다시 시작한다. 이러한 방식은 변화하는 단계의 크기를 사용하는 적응적 방법의 기초가 된다.

```
function [xval, yval]=abms(f, x0, y0, xn, h)
% Adams Bashforth Moulton 방법

x=x0 : h : xn ;
n=length(x) ;
y=y0 ; x=x0 ; yd(1)=feval(f,x,y) ;
y(1)=y0 ; yval=y0 ; xval=x0 ;

b=zeros(1,4) ;  c=zeros(4,4) ;  d=zeros(1,4) ;
b=[1/6  1/3  1/3  1/6] ;    % y(i+1)의 계산시 k의 계수 행렬
d=[0  0.5  0.5  1] ;        % k 계산시 h의 계수 행렬
c=[0 0 0 0;0.5 0 0 0;0 0.5 0 0;0 0 1 0] ;% k 계산시 h의 계수 행렬

for j=2 : 4
   k(1)=h*feval(f,x,y) ;
   for i=2 : 4
      k(i)=h*feval(f, x+h*d(i), y+c(i,1 : i-1)*k(1 : i-1)') ;
   end
   y1=y+b*k' ; ys(j)=y1 ;  x1=x+h ;
   yd(j)=feval(f, x1, y1) ;

   xval=[xval, x1] ;  yval=[yval, y1] ;
   x=x1 ;  y=y1 ;
end

%ABM 적용
for i=5 : n
   y1=y(i-1)+h/24*(55*yd(i-5)-59*yd(i-2)+37*yd(i-3)-9*yd(i-4)) ;
   x1=x+ h ;  yd(i)=feval(f, x1, y1) ;
   yc=y(i-1)+h*(9*yd(i)+19*yd(i-1)-5*yd(i-2)+yd(i-3))/24 ;
   yd(i)=feval(f,x1,yc) ;
   fval(1 : 4)=yd(2 : 5) ;
   y5(i)=yc ;
   xval=[xval, t1] ;  yval=[yval, yc] ;
   x=x1 ;  y=y1 ;
end
```

MATLAB은 상미분 방정식의 해를 구하기 위해 다음과 같은 네 가지 함수를 제공한다.

1. dsolve : 상미분 방정식의 심볼릭(symbolic) 해를 구한다.
2. ode23 : 2차 또는 3차 적응식 Runge−Kutta의 방법을 이용한다.
3. ode45 : 4차 또는 5차 적응식 Runge−Kutta의 방법을 이용한다.
4. ode113 : Adams−Bashforth−Moulton 방법을 이용한다.

여기서 함수 ode45와 ode113의 사용 형식은 아래와 같다.

> [x,y]=ode45('함수 M 파일',[x0 : h : xn], y0)

이는 4차 또는 5차 Runge−Kutta의 해법을 이용하여 M−파일에 정의된 상미분 방정식에 대해 x0에서 시작하여 간격 h씩 더해가며 xn까지의 함수값을 구하여 반환하게 된다. 이때 y0는 y의 초기값을 의미한다.

```
>> [x,y]=ode45('func1', [0 : 1 : 3],2) ;
>> [x,y]
ans =
        0    2.0000
   1.0000    6.1946
   2.0000   14.8439
   3.0000   33.6772

>> [x,y]=ode113('func1', [0 : 1 : 3],2) ;
>> [x,y]
ans =
        0    2.0000
   1.0000    6.1946
   2.0000   14.8440
   3.0000   33.6772
```

1. Euler 방법으로 다음에 주어진 상미분 방정식의 근사해 $y(0.2)$를 구하라. 단 $y(0) = 0$, $h = 0.1$이다.

$$\frac{dy}{dx} = \frac{1+y}{1+x}$$

2. 다음의 주어진 미분 방정식에 대해 개선된 Euler 방법을 이용하여 구간 $[0, 1]$에서의 근사해를 구하라. 단 $y(0) = 1$, $y(0) = 1$, $h = 0.1$이다. 초기치와 관련된 미분 방정식의 해는 $y = xe^{-x} - x + 1$이다.

$$\frac{dy}{dx} = e^{-x} - x + y$$

3. 다음 상미분 방정식의 해를 4차 Runge-Kutta 방법으로 구간 $[0, 1]$에서의 근사해를 구하라. 단 $h = 0.1$로 하라. 초기치와 관련된 미분 방정식의 해는 $y(1) = -1$, $y = \tan x$ 이다.

$$y' = 1 + y^2$$

4. 다음의 미분 방정식은 호수 오염 부피 $x(t)$와 시간 t 사이의 관계를 나타낸다. 단 유입과 유출의 비가 동일하다고 가정한다.

$$\frac{dx}{dt} = 0.0175 - 0.3821x$$

Runge-Kutta 방법을 이용하여 시간 $t = 0$일 때 초기 오염 부피 0.2290을 사용하여 5년 동안의 오염 부피를 구하고 그래프로 나타내어라.

5. 방사능 물질은 남은 양에 비례하는 비율로 감소한다. 이러한 과정을 모델화하는 미분 방정식은 $t = t_0$일 때 $\dfrac{dy}{dt} = -ky$이다. 여기서 $t = t_0$일 때 $y = y_0$이다. $y_0 = 50$이고 $k = 0.05$일 때 $t = 0$에서 10까지에 대해 이 방정식을 풀어라. 정확해는 $50e^{0.05t}$이다.

(a) Euler 방법 이용($h = 1$)

(b) 개선된 Euler 방법 이용($h = 1$)

(c) Runge-Kutta 방법 이용($h = 1$)

6. 다음의 미분 방정식을 Adams-Moulton 방법으로 $t = 0$에서 6까지에 대해 근사해를 구하라. 단 $h = 0.1$이다. 정확해는 $y = 50e^{-5t}$이다.

$$y' = -5y, \; y(0) = 50$$

7. 물체가 지구 중력장에서 자유롭게 떨어지는 경우 시간 t에 따른 낙하 속도 $v(t)$는 다음의 식으로 나타낼 수 있다.

$$m\frac{v(t)}{dt} = -mg + p(v)$$

식에서 $p(v)$는 마찰력이며 낙하 속도에 관계된다. 다음의 두 경우에 초기 속도가 $v(0) = 0$이며, $g = 9.8 m/s^2$일 때 $0 < t < 20$초 구간에서 4차 Runge-Kutta 방법을 사용하여 0에서 2초 간격으로 20초까지 속도를 계산하라. 4차 Runge-Kutta 방법을 이용하여 계산한 결과와 정확한 해를 그래프를 그려서 비교하라.

경계치 문제

상미분 방정식의 해를 구하기 위해서는 조건들이 필요하다. 이 조건들은 방정식의 해를 구하는 과정에서 적분 상수를 계산하기 위해 사용되며 n차 방정식은 n개의 조건이 필요하다. 모든 조건들이 독립 변수의 일정한 값에서 지정되어 있으면 이 문제는 초기값 문제가 된다. 반면에 조건들이 단일점에서 알려져 있는 것이 아니라 독립 변수의 다른 값에서 알려져 있는 문제들이 있다. 이 값들은 구간의 양 끝점이나 혹은 시스템의 경계에서 지정되기 때문에 경계값 문제라 한다. 공학적으로 중요한 많은 문제들이 경계값 문제에 속한다. 이 장에서는 경계값 문제의 해를 구하기 위한 세 가지 일반적인 접근법, 즉 사격 방법과 미분의 수치 해법을 이용하는 유한 계차법, 부분 적분의 개념을 도입하여 유도되는 유한 요소법에 대해 다루도록 한다.

경계치 문제

10.1 경계치 문제

9장에서는 미분 방정식의 모든 조건이 동일한 점에서 주어지는 초기값 문제만 다루었다. 이 장에서는 아래와 같이 여러 점에서의 조건이 주어지는 경계값 문제를 다루고자 한다.

$$\frac{d^2y}{dx^2} - (1 - \frac{x}{5})y = x \,,\ y(1) = 2,\ y(3) = -1 \tag{10.1}$$

10.2 사격 방법(shooting method)

사격법은 경계값 문제를 그와 동등한 초기값 문제로 변환한 후, 초기값을 가정하여 주어진 경계조건을 만족시키도록 시행착오법을 수행한다. 이 방법을 식 (10.1)에 주어진 문제로 설명해 보자. 문제에서 $y(1) = 2$만 주어져 있으므로 $y'(1) = \alpha_1$이라 가정하여 이 가정된 값과 주어진 $y(1)$의 값을 이용하여 초기값 문제로 취급한다. 이때 $y(3)$을 계산할 수 있다. 이 값을 R_1이라 하자. R_1은 $y'(1) = \alpha_1$로 가정하여 계산한 것이므로 실제로 주어진 조건 $y(3) = -1$과 일치하지 않을 것이다. 이제 $y'(1) = \alpha_2$로 가정하여 $y(3)$에 대한 새로운 추정값 R_2를 구한다. R_2 또한 $y(3) = -1$과 일치하지는 않을 것이다. 그러나 $y(3)$에 대한 두 개의 추정값 R_1, R_2와 그에 대응하는 $y'(1)$에 대한 가정값에 선형 보간을 적용하여 $y(3) = -1$이 되는 $y(1)$에 대한 새로운 가정값을 구할 수 있을 것이다. $y(3) = R$이라 할때 $y(1)$에 대한 새로운 가정값 α는 다음과 같다.

$$\alpha = \frac{\alpha_2 - \alpha_1}{R_2 - R_1}(R - R_1) \tag{10.2}$$

식 (10.1)에 주어진 경계값 문제를 사격법으로 풀어라.

풀이 먼저 주어진 미분 방정식을 1계 연립 미분 방정식으로 변환하면 다음과 같다.

$$y'_1 = f_1(x, y_1, y_2), \ y_1(1) = 2$$

$$y'_2 = f_2(x, y_1, y_2) = (1 - \frac{x}{5})y_1 + x, \ y'_1(1) = ?$$

여기서 $y = y_1$, $y' = y_2$이다. $y'(1)$이 주어지지 않았으므로 이를 −1.5, −3.0, −3.5로 가정하여 $y(3)$을 구해 보자. $h = 0.2$로 가정하고 개선된 Euler 방법으로 구한 결과는 다음 표와 같다.

n	x_n	$y'_1 = -1.5$		$y'_1 = -3.0$		$y'_1 = -3.5$	
		$y_1(x_n)$	$y_2(x_n)$	$y_1(x_n)$	$y_2(x_n)$	$y_1(x_n)$	$y_2(x_n)$
0	1.0	2.000	−1.5	2.000	−3.000	2.000	−3.500
1	1.2	1.751	−0.987	1.449	−2.510	1.348	−3.018
2	1.4	1.605	−0.478	0.991	−2.068	0.787	−2.599
3	1.6	1.561	0.043	0.619	−1.655	0.305	−2.221
4	1.8	1.625	0.594	0.328	−1.252	−0.104	−1.867
5	2.0	1.803	1.186	0.118	−0.844	−0.443	−1.521
6	2.2	2.105	1.832	−0.007	−0.417	−0.712	−1.167
7	2.4	2.542	2.542	−0.045	0.040	−0.908	−0.794
8	2.6	3.128	3.324	0.013	0.539	−1.206	−0.391
9	2.8	3.880	4.185	0.175	1.087	−1.060	0.054
10	3.0	4.811	5.128	0.453	1.693	−1.000	0.547

$y'(1) = -1.5$로 하면 $y(3) = 4.811$이 되어 주어진 경계 조건 $y(3) = -1$ 보다 훨씬 크다. 또한 $y'(1) = -3.0$인 경우에도 $y(3) = 0.453$이 되어 -1보다 크다. 그런데 $y'(1) = -3.5$인 경우에는 $y(3) = -1$이 되어 경계 조건을 만족한다. 따라서 이 연립 미분 방정식의 해는 $y'(1) = -3.5$로 해서 구한 것이다. 만약 $y'(1) = -1.5$와 $y'(1) = -3.0$으로 해서 구한 해가 있을 경우 $y(3) = -1$이 되는 $y'(1)$의 가정 값은 선형 보간식으로부터

$$-1.5 + \frac{(-3.0)-(-1.5)}{0.453-4.811}(-1.0-4.811) = -3.5 \text{ 가 되어}$$

$y(3) = -1$이 되는 $y'(1)$의 실제값과 같은 결과를 얻을 수 있다. 만일 주어진 미분 방정식이 선형이면 식 (10.2)는 항상 성립한다. 그러나 선형이 아니면 식 (10.2)의 결과는 보통 실제값과 일치하지 않는다. 그러므로 실제값에 가까운 값을 찾을 때까지 여러 번 반복해야 한다.

10.3 유한 계차법

유한 계차법(finite difference method)의 주된 원리는 주어진 구간을 n개의 소구간으로 나누고 나누어진 각 점에 대한 모든 도함수를 유한 계차 방정식으로 표현한 후, 이 때 발생하는 $(n-1)$개의 연립 방정식을 풀어 각 점에서의 근사해를 구하는 것이다. 이때 유한 계차 방정식은 식 (8.11)과 같이 8장에서 다룬 중심 계차법(central difference)을 이용한다.

$$y'_i = \frac{y_{i+1}-y_{i-1}}{2h}, \quad y''_i = \frac{y_{i+1}-2y_i+y_{i-1}}{h^2} \tag{10.3}$$

여기서 $h = x_{i+1} - x_i = x_i - x_{i-1}$, $y'_i = y'(x_i)$, $y''_{i+1} = y''(x_{i+1})$, $y_{i+1} = y(x_{i+1})$, $y_{i-1} = y(x_{i-1})$를 의미한다.

다음의 예제를 통해 유한 계차법을 이해해 보자.

예제 10.1에서 다룬 경계값 문제를 유한 계차법으로 풀어라.

풀이 주어진 미분 방정식 식 (10.1)에 식 (10.3)을 대입하면 다음과 같다.

$$\frac{y_{i+1} - 2y_i + y_{i-1}}{h^2} - (1 - \frac{x_i}{5})y_i = x_i \qquad (10.4)$$

이를 정리하면 다음과 같다.

$$y_{i-1} - \left\{2 + h^2\left(1 - \frac{x_i}{5}\right)\right\}y_i + y_{i+1} = h^2 x_i \qquad (10.5)$$

이제 주어진 양끝 구간 [1, 3] 사이를 네 구간으로 나누면 $h = 0.5$, $x_i = 1 + ih$, $i = 0, 1, \cdots, 4$ 이다. x_0와 x_4점에서의 함수 값은 경계 조건에서 주어졌으므로 식 (10.5)를 나머지 세 점에서 계산하면 아래와 같은 3개의 방정식이 얻어진다.

$$y_0 - \left\{2 + \left(\frac{1}{2}\right)^2\left(1 - \frac{1.5}{5}\right)\right\}y_1 + y_2 = \left(\frac{1}{2}\right)^2 (1.5)$$

$$y_1 - \left\{2 + \left(\frac{1}{2}\right)^2\left(1 - \frac{2.0}{5}\right)\right\}y_2 + y_3 = \left(\frac{1}{2}\right)^2 (2.0)$$

$$y_2 - \left\{2 + \left(\frac{1}{2}\right)^2\left(1 - \frac{2.5}{5}\right)\right\}y_3 + y_4 = \left(\frac{1}{2}\right)^2 (2.5)$$

여기에 주어진 조건 $y_0 = 2$, $y_4 = -1$을 대입하여 정리하면 다음과 같다.

$-2.175\,y_1 + y_2 = -1.625$, $y_1 - 2.15y_2 + y_3 = 0.5$, $y_2 - 2.125y_3 = 1.625$

이를 연립하여 풀면 해는 다음과 같다.

$$y_1 = 0.552, \; y_2 = -0.424, \; y_3 = -0.964$$

한편 구간 [1, 3]을 $h = 0.2$로 하여 10등분한 경우 구한 결과는 다음 표와 같다.

i	x_i	y_i
0	1.0	2.000
1	1.2	1.351
2	1.4	0.792
3	1.6	0.311
4	1.8	-0.097
5	2.0	-0.436
6	2.2	-0.705
7	2.4	-0.903
8	2.6	-1.022
9	2.8	-1.058
10	3.0	-1.000

표에서 알 수 있는 바와 같이 h가 작을수록 실제값에 더욱 근사한 결과를 얻음을 알 수 있다. 그러나 h를 작게 할수록 더 많은 연립 방정식을 풀어야 하므로 적절한 선택이 필요하다고 할 수 있다.

10.4 유한 요소법

유한 요소법(finite element method)은 주어진 경계 조건에서의 함수들로 이루어진 집합을 생성하는 기저 함수들의 선형 결합으로 근사해를 구하는 방법이다. 아래와 같이 경계 조건이 주어진 미분 방정식의 해를 구해보자.

$$-u''(x) + \sigma u(x) = f(x),\ 0 < x < 1 \tag{10.6}$$
$$u(0) = u(1) = 0$$

먼저 경계점 $x = 0, 1$에서 함수값이 0이고 주어진 구간 $[0, 1]$ 내에 존재하는 소구간에서 도함수들이 연속인 함수들의 집합을 V라고 정의하자.

임의의 $v \in V$에 대하여 v는 미분 가능하고 $v(0) = v(1) = 0$이므로 부분적분에 의해 아래의 식이 성립한다.

$$\int_0^1 f(x)v(x)dx = \int_0^1 (-u''(x) + \sigma u(x))v(x)dx \tag{10.7}$$

$$= \int_0^1 u'(x)v'(x) + \sigma u(x)v(x)dx - u'(1)v(1) + u'(0)v(0)$$

$$= \int_0^1 u'(x)v'(x) + \sigma u(x)v(x)dx$$

위의 방정식을 변분 방정식(variational form)이라 하며, 미분방정식 (10.6)을 만족하는 해 $u(x)$는 V에 속하는 모든 함수 v에 대해 식 (10.7)을 만족함을 의미한다. 같은 방법으로 V에 속하는 모든 함수 v에 대하여, u가 변분 방정식을 만족하고 두 번 미분 가능하면 u는 미분 방정식 (10.6)의 해가 된다. 즉 미분 방정식 (10.6)의 해를 구하는 것은 적분 방정식의 해를 구하는 것과 같다. 근사해를 구하기 위해 유한 계차법과 같이 구간 $[0, 1]$을 균등하게 $N+1$ 등분하고 두 점 사이의 간격을 h라 하자. 이때 $h = \dfrac{1}{N+1}, x_j = jh$이고

$$(0 = x_0) < x_1 < \cdots < x_N < (x_{N+1} = 1)$$

이다. 각 점 x_i에서 기저 함수 $\phi_j(x_i) = \delta_{ij}$ ($i = j$이면 1, 그렇지 않으면 0)이고 1차 독립이다. 따라서 V^h를 기저함수 $\phi_j, j = 1, \cdots, N$의 일차 결합으로 생성된 공간이라고 하면 V^h는 차원이 N인 V의 부분 공간이 된다. 따라서 모든 $v^h \in V^h$에 대하여 $u^k \in V^h$는 다음 방정식을 만족한다.

$$\int_0^1 f(x)v^h(x)dx = \int_0^1 (u^h)'(x)(v^h)'(x) + \sigma u^h(x)v^h(x)dx \tag{10.8}$$

이때 u^h는 V^h에 속하므로 적당한 상수 u_j에 대하여 $u^h = \sum_{j=1}^{N} u_j \phi_j$ 로 표현된다. ϕ_j는 V^h를 생성하는 기저 함수이므로 이산 문제는 모든 ϕ_j에 대해 식 (10.8)은 다음과 같이 표현할 수 있다.

$$\int_0^1 f(x)\phi_i(x)dx = \sum_{j=1}^{N}\left(\int_0^1 \phi_j{}'(x)\phi_i{}'(x) + \sigma\phi_j{}'(x)\phi_i{}'(x)dx\right)u_j \tag{10.9}$$

이때

$$\int_0^1 \phi_j{}'(x)\phi_i{}'(x)dx = \begin{cases} \dfrac{2}{h} , & j = i \\[2mm] \dfrac{-1}{h}, & j = i \pm 1 \\[2mm] 0 , & else \end{cases}$$

$$\int_0^1 \phi_j(x)\phi_i(x)dx = \begin{cases} \dfrac{2}{3}h , & j = i \\[2mm] \dfrac{1}{6}h, & j = i \pm 1 \\[2mm] 0 , & else \end{cases}$$

이므로 식 (10.9)는 다음과 같이 나타낼 수 있다.

$$\begin{bmatrix} f_1 \\ f_2 \\ \vdots \\ f_{N-1} \\ f_N \end{bmatrix} = \frac{1}{h} \begin{bmatrix} 2+\frac{2\sigma}{3}h^2 & -1+\frac{\sigma}{6}h^2 & & & \\ -1+\frac{\sigma}{6}h^2 & 2+\frac{2\sigma}{3}h^2 & -1+\frac{\sigma}{6}h^2 & & \\ & & \ddots & & \\ & & -1+\frac{\sigma}{6}h^2 & 2+\frac{2\sigma}{3}h^2 & -1+\frac{\sigma}{6}h^2 \\ & & & -1+\frac{\sigma}{6}h^2 & 2+\frac{2\sigma}{3}h^2 \end{bmatrix} \begin{bmatrix} u_1 \\ u_2 \\ \vdots \\ u_{N-1} \\ u_N \end{bmatrix}$$

$$\tag{10.10}$$

그리고 좌변 항 f_i는 다음과 같이 표현된다.

$$f_i = \int_0^1 f(x)\phi_i(x)dx \qquad (10.11)$$

$$= \int_{x_{i-1}}^{x_{i+1}} f(x)\phi_i(x)dx$$

$$= \int_{x_{i-1}}^{x_i} f(x)\frac{x - x_{i-1}}{h}dx + \int_{x_i}^{x_{i+1}} f(x)\frac{x_{i+1} - x}{h}dx$$

마지막으로 식 (10.11)에서 구한 f_i를 식 (10.10)에 대입하고 연립 방정식을 풀면 미분 방정식의 해인 u_i를 구할 수 있다.

예제 10.3

다음에 주어진 미분 방정식의 경계값 문제를 유한 요소법을 이용하여 풀어라. 단 N=3으로 한다.

$$-y''(x) + y(x) = x^2, \ 0 < x < 1 \ , \ y(0) = y(1) = 0$$

풀이 식 (10.6)으로부터 주어진 미분 방정식의 $f(x) = x^2$, $\sigma = 1$임을 알 수 있다. 또한 N=3이므로 $h = \dfrac{1}{N+1} = 0.25$이다. 따라서 식(10.11)에서 f_i를 구하면 다음과 같다.

$$f_1 = \int_0^{0.25} x^2\frac{x - 0}{0.25}dx + \int_{0.25}^{0.5} x^2\frac{0.5 - x}{0.25}dx = 0.018$$

$$f_2 = \int_{0.25}^{0.5} x^2\frac{x - 0.25}{0.25}dx + \int_{0.5}^{0.75} x^2\frac{0.75 - x}{0.25}dx = 0.065$$

$$f_3 = \int_{0.5}^{0.75} x^2\frac{x - 0.5}{0.25}dx + \int_{0.75}^{1} x^2\frac{1 - x}{0.25}dx = 0.143$$

그러므로 식(10.10)으로부터 연립 방정식은

$$
\begin{bmatrix} f_1 \\ f_2 \\ f_3 \end{bmatrix} = \frac{1}{0.25} \begin{bmatrix} 2.042 & -0.979 & 0 \\ -0.979 & 2.042 & -0.979 \\ 0 & -0.979 & 2.042 \end{bmatrix} \begin{bmatrix} y_1 \\ y_2 \\ y_3 \end{bmatrix}
$$

가 되고, 근사해는 $y_1 = 0.0177$, $y_2 = 0.0322$, $y_3 = 0.0330$이다.

1. 사격법을 이용하여 아래의 미분 방정식의 근사해를 구하라.

$$7\frac{d^2y}{dx^2} - 2\frac{dy}{dx} - y + x = 0 , \quad y(0) = 5, y(20) = 8$$

2. N=3일 때 다음 미분 방정식의 근사해를 유한 계차법을 이용하여 구하라.

$$-y''(x) + y(x) = x^2, \ 0 < x <,1 \ \ y(0) = y(1) = 0$$

3. 다음 상미분 방정식의 해를 $1 \leq x \leq 2$ 에 대해 유한 계차법을 이용하여 구하라. 단, $h = 0.1,\ y(1) = -1,\ y(2) = 2$ 이다.

$$\frac{d^2y}{dx^2} - \frac{dy}{dx} + 2y = x^2 - 3e^{-x}$$

4. 다음의 미분 방정식에 유한 요소법을 적용하려고 한다.

$$-u''(x) + \sigma u(x) = f(x), \ 0 < x < 1$$
$$u(0) = 0, u'(1) = 0$$

① 변분 방정식을 유도하라.

② 이산 문제를 유도하라.

③ 연립 방정식을 유도하라.

④ 근사해를 구하라.

5. 정상 상태에서 막대의 열 보존식은 다음과 같이 나타낼 수 있다.

$$\frac{d^2 T}{dx^2} - 0.15\, T = 0, \ T(0) = 240, \ T(10) = 150$$

① 10m 막대에서 해석적 해를 구하라.

② 사격법을 이용하여 근사해를 구하라.

③ 유한 계차법을 이용하여 근사해를 구하라.

6. 2계 선형 미분 방정식에 의해 주어진 다음 각 경계값 문제의 해석적인 해를 구하고, 유한 계차법을 사용하여 구한 수치해와 비교하라.

① $t^2 y'' - 3ty' - y = t^2, 1 \le t \le 2, y(1) = 0, y(2) = 0$

② $y'' = -e^t + \cos t - 2y' + y, 0 \le t \le 1, y(0) = -1, y(1) = 1$

편미분 방정식

편미분 방정식은 두 개 이상의 독립 변수로 구성된 함수와 그 함수의 편미분을 포함하는 방정식이다. 앞 절에서 설명했던 상미분 방정식은 물체의 변위, 속도의 변화, 압력의 변화 등 대상의 1차원적인 변화, 즉 전후 또는 좌우 변화만을 생각할 수 있다. 반면 편미분 방정식은 각 변수들의 상관관계를 고려하지 않고 변화량을 알고자 할 때 사용될 수 있으며, 소리나 열의 전파 과정, 전자기학, 유체역학, 양자역학 등 수많은 역학계와 연관이 있다. 그러나 편미분 방정식은 형태에 따라 해를 구하는 방법이 다르며, 초기 조건과 경계 조건을 이용하여 해석한다. 이 장에서는 편미분 방정식을 세가지 유형으로 분류하고, 각 경우에 대한 해법에 대해 설명한다.

편미분 방정식

11.1 편미분 방정식

자연과학과 공학 문제의 대부분은 2계 편미분 방정식으로 표현되며, 두 개의 독립 변수 x, y로 이루어진 2계 편미분 방정식의 일반적인 형태는 다음과 같다.

$$A\frac{\partial^2 u}{\partial x^2} + B\frac{\partial^2 u}{\partial x \partial y} + C\frac{\partial^2 u}{\partial y^2} + f(x, y, u, \frac{\partial u}{\partial x}, \frac{\partial u}{\partial y}) = 0 \tag{11.1}$$

여기서 A, B, C는 독립 변수 x, y의 함수 또는 상수이며, A, B, C의 값에 따라 다음과 같이 세 가지 종류로 분류된다.

$B^2 - 4AC < 0$: 타원형 편미분 방정식
$B^2 - 4AC = 0$: 포물형 편미분 방정식
$B^2 - 4AC > 0$: 쌍곡형 편미분 방정식

일반적으로 타원형 편미분 방정식은 다음과 같은 형태를 가지며, 라플라스 방정식($\Phi = 0$)과 포아송 방정식($\Phi = $ 상수)이 대표적인 예이다. 여기서 $\Phi = f(x, y, u, \frac{\partial u}{\partial x}, \frac{\partial u}{\partial y})$를 의미한다.

$$\frac{\partial^2 u}{\partial x^2} + \frac{\partial^2 u}{\partial y^2} = \Phi \tag{11.2}$$

포물형 편미분 방정식은 식 (11.3)의 형태를 가지며, 예로는 1차원 확산 또는 열전도 방정식이 있다.

$$\alpha \frac{\partial^2 u}{\partial x^2} - \frac{\partial u}{\partial y} = 0, \; \alpha > 0 \tag{11.3}$$

그리고 쌍곡형 편미분 방정식은 다음의 형태를 가지며 파동 방정식이 대표적인 예이다.

$$\alpha^2 \frac{\partial^2 u}{\partial x^2} - \frac{\partial^2 u}{\partial y^2} = 0 \tag{11.4}$$

이들 세 종류의 편미분 방정식은 수치해의 불안정성과 오차가 발생하는 특성이 다르므로 서로 다른 수치해석 기법을 적용해야 하며, 반드시 초기 및 경계조건이 있어야 한다.

편미분 방정식의 근사해를 구하는 방법 중의 하나는 주어진 편미분 방정식을 유한 차분 방정식 형태로 변환한 후 얻어지는 상미분 방정식을 푸는 것이다. 이 절에서는 위에서 설명한 세 가지 형태의 편미분 방정식에 대한 근사해를 구하는 방법에 대해 설명하기 전 두 개의 독립 변수를 갖는 2차 편미분 방정식에 대해 중간 계차법을 이용하여 상미분 방정식으로 변환하는 과정에 대해 설명하기로 한다.

먼저 두 개의 독립 변수 x, y를 갖는 2차원 2계 편미분 방정식에 대한 초기 조건 및 경계 조건에 의해 만들어지는 직사각형 영역에 대해 [그림 11.1]과 같은 격자점을 구성한다.

$$R = (x, y)|0 \le x \le L, 0 \le y \le T \tag{11.5}$$

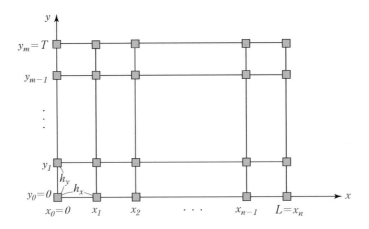

[그림 11.1] 영역 R과 유한 차분 격자점

즉 구간 [0, L]을 등간격 $h_x = L/n$인 n개의 소구간으로 나누어 얻어진 소구간의 점들을 $x_i, i = 0, 1, \cdots, n$로 나타낸다. 같은 방법으로 [0, T]를 등간격 $h_y = T/m$인 m개의 소구간으로 나누어 얻어진 소구간의 점들을 $y_i, i = 0, 1, \cdots, m$로 나타내면 $(n+1) \times (m+1)$개의 격자점을 얻을 수 있다. 격자점 (x_i, y_j)에서 편미분 방정식의 해 $u(x, y)$에 대한 실제해를 $u(x_i, y_j)$, 근사해를 u_{ij}로 나타내기로 한다. 오차가 작은 중앙 계차 방식을 사용하여 2계 편미분 방정식을 근사화하면 다음과 같다.

$$u_{xx}(x_i, y_j) = \frac{\partial^2 u(x_i, y_j)}{\partial x^2} = \frac{u(x_{i+1}, y_j) - 2u(x_i, y_j) + u(x_{i-1}, y_j)}{h_x^2} + O(h_x^2)$$

(11.6)

또한 1계 편미분을 전향 계차 방식을 사용하여 근사화하면 다음과 같다.

$$u_y(x_i, y_j) = \frac{\partial u(x_i, y_j)}{\partial x} = \frac{u(x_i, y_{j+1}) - u(x_i, y_j)}{h_y} + O(h_y)$$

(11.7)

가 되고, 후향 계차 방식을 사용하여 근사화하면 식 (11.8)과 같다.

$$u_y(x_i, y_j) = \frac{\partial u(x_i, y_j)}{\partial x} = \frac{u(x_i, y_j) - u(x_i, y_{j-1})}{h_y} + O(h_y)$$

(11.8)

11.2 포물형 편미분 방정식

포물형 편미분 방정식은 식 (11.1)에서 $B^2 - 4AC = 0$의 조건을 만족하는 미분 방정식이며, 공간 좌표를 x, 시간 좌표를 t라 할 때 이 방정식을 열전도 방정식이라 한다. 따라서 1차원 열전도 방정식의 일반적인 형태는 다음과 같다.

$$\alpha \frac{\partial^2 u}{\partial x^2} - \frac{\partial u}{\partial t} = 0, \quad 0 < x < L, \quad 0 < t \leq T \tag{11.9}$$

이때 u는 [그림 11.2]와 같이 시간 t에서 길이 L인 막대의 공간 x에서의 온도를 나타내며, α는 막대의 재질에 따른 열전도 특성을 나타낸다. 여기서 막대는 균일하고 일정한 단면적 A를 가지며, 막대 표면으로 열이 빠져 나가지 않고 단면을 통해서만 전달된다고 가정한다. 이때 공간에 대한 경계조건은 다음과 같다.

$$u(0, t) = 0, u(L, t) = 0, 0 \leq t \leq T \tag{11.10}$$

또한 시간에 대한 초기 조건은 아래와 같다.

$$u(x, 0) = f(x), \ 0 \leq x \leq L \tag{11.11}$$

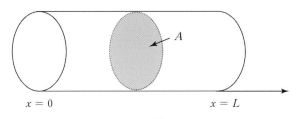

[그림 11.2] 길이 L인 1차원 막대

이제 $t = t_{j+1}$에서 근사해 $u_{i,j+1}$를 구하기 위해 $t = t_i$에서 $\dfrac{\partial^2 u}{\partial x^2}$는 중간 계차 근사식을, $\dfrac{\partial u}{\partial t}$는 전향 계차 근사식을 사용하여 식 (11.9)를 유한 계차 방정식으로 나타내면 다음과 같다.

$$\alpha \frac{u_{i+1,j} - 2u_{i,j} + u_{i-1,j}}{h_x^2} - \frac{u_{i,j+1} - u_{i,j}}{h_t} = 0 \tag{11.10}$$

그리고 식 (11.10)을 $u_{i,j+1}$에 대해 다시 정리하면 다음과 같다.

$$u_{i,j+1} = (1-2\lambda)u_{i,j} + \lambda(u_{i+1,j} + u_{i-1,j}) \tag{11.11}$$

여기서 $\lambda = \alpha h_y / h_x^2$ 이다. 식 (11.11)을 살펴보면 점 (x_i, t_{j+1})에서의 해 $u_{i,j+1}$는 [그림 11.3]에서와 같이 점 (x_{i+1}, y_j), (x_i, y_j) 와 (x_{i-1}, y_j)에서의 해 $u_{i+1,j}, u_i, u_{i-1,j}$의 조합으로 결정됨을 알 수 있다.

이와 같이 편미분 방정식의 근사해를 식 (11.11)과 같은 형태로 구하는 방법을 양해법 (explicit method)이라 한다. 그러나 양해법은 $0 < \lambda \le \frac{1}{2}$인 경우에만 안정적이라는 단점이 있어 시간 간격 h_t의 설정에 제한을 준다.

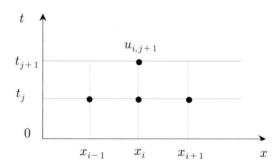

[그림 11.3] **양해법의 해의 구성 개념도**

다음과 같이 주어지는 열 방정식을 이용하여 벽 두께가 0.3m이고 열 확산 계수 $\alpha = 6 \times 10^{-7} m^2/s$ 인 벽의 온도 분포를 300초 동안 60초 간격으로 조사하고자 한다. 벽의 양쪽 표면은 초기에 60℃로 일정하다가 갑자기 20℃로 떨어져 유지되고 있다고 가정할 때 $h_x = 0.1m$, $h_t = 60$초 간격으로 벽의 온도 변화를 양해법을 이용하여 구하라.

$$6 \times 10^{-7} \frac{\partial^2 u(x,t)}{\partial x^2} - \frac{\partial u(x,t)}{\partial t} = 0$$

풀이 먼저 λ값을 계산하면 $\lambda = \alpha \frac{h_t}{h x^2} = 6 \times 10^{-7} \times \frac{60}{(0.1)^2} = 0.0036$ 이 되므로 양해법 을 적용할 수 있다. 주어진 조건을 이용하여 격자점을 만들면 아래와 같다.

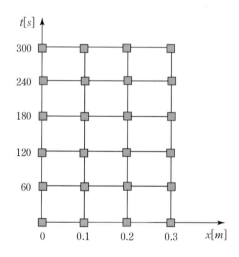

그리고 각 격자점에 대해 주어진 초기조건들을 식 (11.11)에 대입하여 벽의 내부온 도를 구하면 다음의 표와 같다.

t	$x=0.0$	$x=0.1$	$x=0.2$	$x=0.3$
0	60.0000	60.0000	60.0000	60.0000
60	20.0000	60.0000	60.0000	20.0000
120	20.0000	59.8560	59.8560	20.0000
180	20.0000	59.7125	59.7125	20.0000
240	20.0000	59.5696	59.5696	20.0000
300	20.0000	59.4271	59.4271	20.0000

Program 11.1 ➡ 열전도 방정식의 수치 해법

```matlab
function u=heat(a, ti, tf, xi, xf)
% a : 열전도 계수
% ti, tf : 초기 및 끝 시간
% xi, xf : 초기 및 끝 구간

m=5;    % t의 소구간 수
n=3;     % x의 소구간 수
f = @(x)60  % 초기 조건 함수
T1 = 20;    % xi에서의 경계 조건
T2 = 20;     % xf에서의 경계 조건
ht = (tf-ti)/ m ;
hx = (xf-xi)/ n ;
md = a*ht/(hx^2);
if((0<md) & (md <=1/2))
  x = xi : hx : xf ;
  p = zeros(m+1, n+1) ;
  for i=1:n+1
    u(i) = feval(f, (i-1)*hx) ; % t=0에서 u 값 계산
    p(1, i) = u(i);
  end
  for k=1:m    % t>0에서 u 값 계산
    t = k*ht ;
    for i=1:n+1
        if(i==1)
```

```
        u_h(i) = T1 ;
      elseif(i==n+1)
        u_h(i) = T2 ;
      else
        u_h(i) = (1-2*md)*u(i) + md*(u(i+1)+u(i-1)) ;
      end
      p(k+1, i) = u_h(i);
    end
    u = u_h ;
  end
end
```

```
>> a=6*10^-7 ; ti=0 ; tf=300 ; xi=0 ; xf=0.3 ;
>> u=heat(a, ti, tf, xi, xf)
```

11.3 타원형 편미분 방정식

타원형 편미분 방정식은 식 (11.1)에서 $B^2 - 4AC < 0$의 조건을 만족하는 방정식이다. 이때 $A = C = 1$, $B = 0$이고 식(11.2)와 같이 $\varPhi$, 즉 $f(x, y, u, \frac{\partial u}{\partial x}, \frac{\partial u}{\partial y}) = 0$인 경우를 라플라스 방정식이라 하며, $\varPhi \neq 0$인 경우를 포아송 방정식이라 한다. 따라서 라플라스 방정식과 포아송 방정식의 형태는 각각 다음과 같다.

$$\frac{\partial^2 u}{\partial x^2} + \frac{\partial^2 u}{\partial y^2} = 0 \qquad : \text{라플라스 방정식} \qquad (11.12)$$

그리고 포아송 방정식은 다음과 같이 표현된다.

$$\frac{\partial^2 u}{\partial x^2} + \frac{\partial^2 u}{\partial y^2} = \varPhi \qquad : \text{포아식 방정식} \qquad (11.13)$$

식 (11.12)와 식 (11.13)을 통해 라플라스 방정식은 포아송 방정식의 특수한 형태임을 알 수 있다. 이 절에서는 유한 계차법을 이용하여 라플라스 방정식의 해를 구하는 방법에 대해 설명한다.

라플라스 방정식을 풀기 위해 식 (11.6)을 사용하여 유한 계차 방정식으로 나타내면 다음과 같다.

$$\frac{\partial^2 u_{i,j}}{\partial x^2} + \frac{\partial^2 u_{i,j}}{\partial y^2} = \frac{1}{h_x^2}(u_{i+1,\,j} - 2u_{i,\,j} + u_{i-1,\,j}) \tag{11.14}$$

$$+ \frac{1}{h_y^2}(u_{i,\,j+1} - 2u_{i,\,j} + u_{i,\,j-1}) = 0$$

여기서 i, j는 각각 x, y 평면상의 한 점을 나타내는 첨자이며, h_x, h_y는 x, y의 간격(step size)을 나타낸다.

이제 식 (11.14)를 정리하여 $u_{i,\,j}$에 대해 정리하면 다음과 같다.

$$u_{i,\,j} = \frac{1}{4}(u_{i+1,\,j} + u_{i-1,\,j} + u_{i,\,j-1} + u_{i,\,j+1}) \tag{11.15}$$

이때 $u_{i,\,j}$는 이웃하는 네 개의 점을 평균한 것임을 알 수 있다. 따라서 식 (11.15)에 n개의 교차점을 대입하면 n개의 연립 방정식을 얻을 수 있으며, 이를 풀면 n개의 교차점에서의 u값을 구할 수 있다.

다음과 같이 크기가 $200 \times 100cm$인 사각형 단면의 온도 분포는 세 면이 $0°$이고 나머지한 면은 $100°$이다. 라플라스 방정식을 이용하여 $h_x = h_y = 50cm$인 내부 점에서의 온도를구하라.

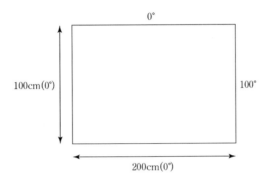

풀이 $h_x = h_y = 50cm$일 때 격자점을 만들면 아래와 같다.
이때 초기 조건 및 경계 조건에 의해 $u_{0,0} = u_{1,0} = u_{2,0} = u_{3,0} = 0$,
$u_{0,1} = u_{0,2} = u_{1,2} = u_{2,2} = u_{3,2} = 0$이며 $u_{4,0} = u_{4,1} = u_{4,2} = 100$이다.

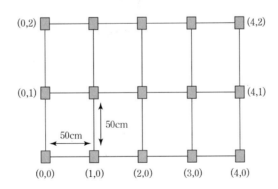

따라서 식 (11.15)로부터 내부 격자점의 온도를 구하면 다음과 같은 연립 방정식의 형태를가지게 된다.

$$u_{1,1} = \frac{1}{4}\left(u_{2,1} + u_{0,1} + u_{1,2} + u_{1,0}\right) \qquad (11.18)$$

$$= \frac{1}{4}\left(u_{2,1} + 0 + 0 + 0\right)$$

$$u_{2,1} = \frac{1}{4}\left(u_{3,1} + u_{1,1} + u_{2,2} + u_{2,0}\right)$$

$$= \frac{1}{4}\left(u_{3,1} + u_{1,1} + 0 + 0\right)$$

$$u_{3,1} = \frac{1}{4}\left(u_{4,1} + u_{2,1} + u_{3,2} + u_{3,0}\right)$$

$$= \frac{1}{4}\left(100 + u_{2,1} + 0 + 0\right)$$

이를 Gauss 소거법으로 풀면 해는 다음과 같다.

$u_{1,1} = 1.786, \; u_{2,1} = 7.143, \; u_{3,1} = 26.786$

여기서 h를 작게 할수록 격자점을 더 많이 만들 수 있으므로 더 정확한 내부 온도를 알 수 있게 된다. 그러나 격자점이 많을수록 연립 방정식의 수는 증가하고 특히 Gauss 소거법을 이용하여 해를 구할 경우 오차는 증가하게 된다. 따라서 많은 격자점에 대해서는 수렴이 빠른 SOR(Successive Over-Relaxation) 반복법을 사용하는 것이 효과적이다. 수렴 속도를 빠르게 하기 위해 식 (11.15)의 우변에 $u_{i,j}$를 더하고 빼고 이완 요소(over-relaxation factor) ω를 사용하여 새로운 반복 방정식으로 표현하면 다음과 같다.

$$u_{i,j}^{(k+1)} = u_{i,j}^{(k)} + \omega\left[\frac{u_{i+1,j}^{(k)} + u_{i-1,j}^{(k)} + u_{i,j+1}^{(k)} + u_{i,j-1}^{(k)} - 4\,u_{i,j}^{(k)}}{4}\right] \qquad (11.16)$$

대개의 경우 최적의 ω값은 1과 2 사이에 있으며, x, y 방향의 구간의 개수가 같은 몇 가지 경우에 대해 최적의 ω값은 [표 11.1]과 같다.

구간의 개수	최적의 이완 요소(ω)
2	1.0000
3	1.072
5	1.260
10	1.528
20	1.729
100	1.939
∞	2.000

Program 11.2 ➡ 라플라스 방정식의 수치 해법

```
function u=Laplace(nx, hx, ny, hy, bx0, bxn, by0, byn)
% nx, hx : x의 수와 스텝 크기, ny, hy : t의 수와 스텝 크기
% bx0, bxn : 초기 조건, by0, byn : 경계 조건

% 초기 조건 및 경계 조건에 의한 초기화
u=zeros(ny+1,nx+1) ;
by0=by0' ; byn=byn';

u(1,1 : nx+1)=bx0 ;
u(ny+1,1 : nx+1)=bxn ;
u(1 : ny+1,1)=by0 ;
u(1 : ny+1,nx+1)=byn ;

for iter=1 : 50
 for i=ny : -1 : 2
     for j=2 : nx
         u(i,j)=(u(i+1,j)+u(i-1,j)+u(i,j+1)+u(i,j-1))/4 ;
     end
 end
end
```

```
>> nx=4 ;  ny=2 ;  hx=50 ;  hy=50 ;
>> bx0=[0 0 0 0 0] ;  bxn=[0 0 0 0 0] ;
>> by0=[0 0 0] ;  byn=[100 100 100]
>> u=Laplace(nx, hx, ny, hy, bx0, bxn, by0, byn)
```

Program 11.3 ☞ SOR 반복법

```
function u=Laplace(nx, hx, ny, hy, bx0, bxn, by0, byn)

u=zeros(ny+1,nx+1) ;
by0=by0' ; byn=byn' ;
u(1,1 : nx+1)=bx0 ;  u(ny+1,1 : nx+1)=bxn ;
u(1 : ny+1,1)=by0 ;  u(1 : ny+1,nx+1)=byn ;

% SOR 반복법
w=1.528 ;
for iter=1 : 50
  temp=u(2,4)
  for i=ny : -1 : 2
    for j=2 : nx
      u(i,j)=(1-w)*u(i,j)+w*(u(i+1,j)+u(i-1,j)+u(i,j+1)+u(i,j-1))/4
      end
  end
  if abs(temp - u(2,4)) < 0.001      % 반복 여부를 위한 임계 조건
     break ;
  end
end
```

11.4 쌍곡형 편미분 방정식

쌍곡형 편미분 방정식은 현의 진동 또는 파동 역학 등에서 주로 사용된다. 특히 1차원 파동 방정식은 x가 공간 좌표, t가 시간 좌표일 때 다음과 같은 형태를 가진다.

$$\alpha^2 \frac{\partial^2 u}{\partial x^2} - \frac{\partial^2 u}{\partial t^2} = 0 \qquad (11.17)$$

시간 t에 대한 초기 조건과 공간 x에 대한 경계 조건이 주어질 때 함수값 u를 구할 수 있다.

여기서 $u = u(x,t)$는 [그림 11.4]와 같이 공간 $x = 0$와 $x = L$ 사이에서 진동하는 현의 수직 변위를 나타낸다. 이때 현의 특성은 균일하고 완전히 유연하며 현의 평형 위치는 수평이라 가정한다. 그리고 현의 수평 변위는 수직 변위에 비해 매우 작고 길이 L에 비해 매우 작다고 가정한다. 따라서 경계 조건은 다음과 같다.

$$u(0, t) = 0, \; u(L, t) = 0, \; t > 0 \qquad (11.18)$$

또한 초기 조건은 u의 초기값과 미분값으로 주어진다.

$$u(x, 0) = f(x), \; 0 \leq x \leq L \qquad (11.19)$$

$$\frac{du(x, 0)}{dt} = u_t(x, 0) = g(x), \; 0 \leq x \leq L$$

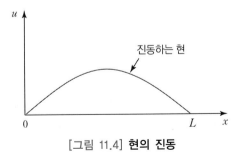

[그림 11.4] **현의 진동**

근사해 $u_{i,j}$를 구하기 위해 중간 계차법을 이용하여 식 (11.17)을 유한 계차 방정식의 형태로 표현하면 다음과 같다.

$$\alpha^2 \frac{u_{i-1,j} - 2u_{i,j} + u_{i+1,j}}{h_x^2} = \frac{u_{i,j-1} - 2u_{i,j} + u_{i,j+1}}{h_t^2} \tag{11.20}$$

그리고 이를 $u_{i,j+1}$에 대하여 다시 정리하면 다음과 같다.

$$u_{i,j+1} = \lambda^2 (u_{i-1,j} + u_{i+1,j}) + 2(1 - \lambda^2) u_{i,j} - u_{i,j-1} \tag{11.21}$$

여기서 $\lambda = \alpha h_t / h_x$이다.

식 (11.21)로부터 점 (x_i, t_{j+1})에서의 해 $u_{i,j+1}$는 점 (x_{i+1}, t_j), (x_i, t_j)와 점 (x_{i-1}, t_j)에서의 해 $u_{i+1,j}$, $u_{i,j}$, $u_{i-1,j}$와 점 (x_i, t_{j-1})에서의 해 $(u_{i,j-1})$의 조합으로 결정됨을 알 수 있다. $u_{i,j-1}$의 값을 구하기 위해 다음의 식과 같이 u의 점 $(x, 0)$에 대한 테일러 급수를 이용하면 보다 더 정확한 근사값을 구할 수 있다.

$$u(x_i, h_i) = u(x_i, 0) + h_i u_i(x_i, 0) + \frac{h_i^2}{2} u_{tt}(x_i, 0) \tag{11.22}$$

식 (11.19)의 초기 조건에 주어진 함수 $f(x)$의 2차 도함수 $f''(x)$가 존재한다고 가정하면 식 (11.17)과 식 (11.19)로부터 아래의 식을 얻을 수 있다.

$$u_{tt}(x_i, 0) = \alpha^2 u_{xx}(x_i, 0) = \alpha^2 f''(x_i) \tag{11.23}$$

식 (11.23)을 식 (11.22)에 대입하고 초기 조건 $u(x_i, 0) = f(x_i)$ $u_i(x_i, 0) = g(x_i)$을 이용하여 정리하면 식 (11.24)를 얻는다.

$$u(x_i, h_i) = f(x_i) + h_t g(x_i) + \frac{h_t^2}{2} \alpha^2 f''(x) \tag{11.24}$$

또한 식 (11.24)의 $f''(x_i)$를 중앙 계차 형식으로 근사화 하고, $\lambda = \alpha h_t / h_x$라 두고 정리하면 $u_{i,1}$을 얻을 수 있다.

$$u_{i,1} = (1-\lambda^2)f(x_i) + h_t g(x_i) + \frac{\lambda^2}{2}[f(x_{i+1}) + f(x_{i-1})], \; i = 1, \cdots, n-1$$

(11.25)

결국 식 (11.25)의 결과를 이용하여 모든 $u_{i,j+1}$를 계산할 수 있다.

예제 11.1

다음의 파동 방정식의 해를 구하라.

$$25\frac{\partial^2 u}{\partial x^2} - \frac{\partial^2 u}{\partial t^2} = 0$$

초기 조건은 $u(x,0) = \sin\pi x \, (0 \leq x \leq 1)$, $\dfrac{\partial}{\partial t}u(x,0) = u_t(x,0) = 0 \, (0 \leq x \leq 1)$이며, 경계 조건은 $u(0,t) = u(1,t) = 0, \; t > 0$이다.

풀이 주어진 문제로부터 $\alpha = 5$이므로 $\lambda = \alpha h_t / h_x$가 1이 되려면 $h_x = 0.2$이라고 가정하면, $h_t = 0.04$임을 알 수 있다. 따라서 식 (11.21)로부터 $u_{i,j+1}$은 다음과 같다.

$$u_{i,j+1} = \lambda^2(u_{i-1,j} + u_{i+1,j}) + 2(1-\lambda^2)u_{i,j} - u_{i,j-1}$$

$$= u_{i-1,j} + u_{i+1,j} - u_{i,j-1}$$

초기 조건으로부터 $u_{i,0} = \sin(0.2\pi i)$, $i = 1, \cdots, 5$이며, 경계 조건으로부터 $u_{0,j} = u_{5,j} = 0, j = 1, \cdots, 10$ 이다. 따라서 식 (11.25)로부터 $u_{i,1}$을 구하면 다음과 같다.

$$u_{i,1} = (1-\lambda^2)f(x_i) + h_t g(x_i) + \frac{\lambda^2}{2}[f(x_{i+1}) + f(x_{i-1})], \; i = 1, \cdots, 4$$

$$= 0.05g(0.2i) + \frac{1}{2}[\sin(0.2\pi(i+1)) + \sin(0.2\pi(i-1))]$$

따라서 $u_{1,1} = 0.475528$, $u_{2,1} = 0.769421$, $u_{3,1} = 0.769421$

$u_{4,1} = 0.475528$가 된다. 이를 식 (11.21)에 대입하여 풀면 다음과 같은 해를 얻을 수 있다.

t	$x=0.0$	$x=0.2$	$x=0.4$	$x=0.6$	$x=0.8$	$x=1.0$
0.00	0.0000	0.5858	0.9511	0.9511	0.5858	0.0000
0.04	0.0000	0.4755	0.7694	0.7694	0.4755	0.0000
0.08	0.0000	0.1816	0.2939	0.2939	0.1816	0.0000
0.12	0.0000	−0.1816	−0.2939	−0.2939	−0.1816	0.0000
0.16	0.0000	−0.4755	−0.7694	−0.7694	−0.4755	0.0000
0.20	0.0000	−0.5878	−0.9511	−0.9511	−0.5878	0.0000
0.24	0.0000	−0.4755	−0.7694	−0.7694	−0.4755	0.0000
0.28	0.0000	−0.1816	−0.2939	−0.2939	−0.1816	0.0000
0.32	0.0000	0.1816	0.2939	0.2939	0.1816	0.0000
0.36	0.0000	0.4755	0.7694	0.7694	0.4755	0.0000
0.40	0.0000	0.5878	0.9511	0.9511	0.5878	0.0000

```
function u=fwave(a, ti, tf, xi, xf)
% a : 파동 방정식 계수
% ti, tf : 초기 및 마지막 시간
% xi, xf : 초기 및 마지막 구간
m = 10 ; % t의 소구간 개수
n = 5 ;  % x의 소구간 개수
f = @(x)sin(pi*x)  % 초기 조건(함수)
g = @(x)0          % 초기 조건(함수의 미분)
T1 = 0; T2 = 0;
ht = (tf-ti)/m ; hx = (xf-xi)/n ;
md = a*ht/hx ;  x = xi : hx : xf ;
p = zeros(m+1, n+1); p(:,1) = T1; p(:,n+1)=T2 ;
for i = 1 : n+1   % t=0에서 u 계산
   u0(i) = feval(f, (i-1)*hx) ; p(1, i) = u0(i);
end
for i = 1 : n-1   % t=ht에서 u 계산
   u1(i+1) = (1-md^2)*feval(f, i*hx) +md^2)/2*(feval(f, (i+1)*hx)+
         feval(f, (i-1)*hx))+ht*feval(g, i*hx);
   p(2, i+1) = u1(i+1);
end
for j = 2 : m     % t>ht에서 u 계산
   t=j*ht ;
   u1(1) =T1; ui(1)=T1; u1(n+1)=T2; ui(n+1)=T2; % 경계 조건
   for i = 2 : n
      ui(i) = 2*(1-md^2)*u1(i)+md^2*(u1(i+1)+u1(i-1))-u0(i);
      p(j+1, i) = u1(i);
   end
   u0 = u1; u1 = ui ;
end
```

```
>> a=5 ; ti=0 ; tf=0.4 ; xi=0; xf=1;
>> u=fwave(a, ti, tf, xi, xf) ;
```

1. 다음의 2차 편미분 방정식을 분류하라.

(a) $\dfrac{\partial^2 y}{\partial t^2} + a\dfrac{\partial^2 y}{\partial x \partial t} + \dfrac{1}{4}(a^2 - 4)\dfrac{\partial^2 y}{\partial x^2} = 0$

(b) $\dfrac{\partial y}{\partial t} - \dfrac{\partial}{\partial x}\left(A(x,t)\dfrac{\partial u}{\partial x}\right) = 0$

(c) $\dfrac{\partial^2 \phi}{\partial x^2} = k\dfrac{\partial^2 (\phi^2)}{\partial y^2}$,   여기서 $k > 0$

2. 유한 차분법을 사용하여 $y(0) = 0.5$, $y(2) = 3.694528$일 때 $xy'' + 2y - xy = e^x$의 경계값 문제를 해결하라. 이때 10개의 구간으로 나누어 계산하고, 그 결과를 정확해 $y = \exp(x)/2$ 와 비교하라.

3. 다음의 타원형 편미분 방정식의 해를 구하라.
단, $h_x = 0.5$, $h_y = 0.25$이며, 초기 조건은 $u(x,0) = u(x,1) = 200x$,
$u(0,y) = u(1,y) = 200y$ 이다.

$$\frac{\partial^2 u}{\partial x^2} + \frac{\partial^2 u}{\partial y^2} = 0$$

4. 다음과 같은 열전도 방정식의 해를 양해법을 이용하여 구하라. 단 간격은
$h_x = 0.1$, $h_t = 0.1$이고 초기 조건 및 경계 조건은 다음과 같다.

$$\frac{\partial^2 u}{\partial x^2} - \frac{\partial u}{\partial t} = 0,\ 0 \le x \le 1,\ 0 \le t \le 1$$

$$u(x,0) = \sin(2\pi x),\ 0 \le x \le 1$$

$$u(0,t) = u(1,t) = 0,\ t > 0$$

5. 다음의 포물형 편미분 방정식의 해를 구하라.

단, $h_x = h_y = 0.5$이며, 초기 조건은 $u(x,0) = u(x,1) = x(20-x)$, 경계 조건은 $u(0,t) = u(5,y) = 0$이다.

$$\frac{\partial^2 u}{\partial x^2} - 2\frac{\partial u}{\partial t} = 0$$

6. $\alpha = 1$을 가지는 포물형 편미분 방정식의 해를 구하라. 단, $u(0,t) = 0,\ u(1,t) = 10$ 이 며, $x = 1$을 제외한 모든 x에 대해 $u(x,0) = 0$이며, $x = 1$일 때 $u(1,0) = 10$이다. x는 20개 구간으로 나누고 $t = 0$에서 0.5까지 0.01의 단계로 하여 해를 구하라.

7. 크기가 1m × 2m인 사각형 단면의 온도 분포는 좌측이 22℃, 우측이 20℃, 아래가 18℃, 위가 24℃이다. 라플라스 방정식을 이용하여 내부 점 (1, 1), 점 (1, 2), 점 (1, 3)의 온도를 구하라. 단 $h_x = h_y = 0.5$이다.

8. 다음의 파동 방정식의 해를 시간 $0 < t \le 0.5$에 대해 구하라.

단 경계 조건은 $u(0,t) = 0,\ u(1,t) = 0,\ t > 0$이고, 초기 조건은

$$u(x,0) = \sin(2\pi x),\ 0 \le x \le 1,\ \frac{du(x,0)}{dt} = u_t(x,0) = 0,\ 0 \le x \le 1\ \text{이다.}$$

단 $\lambda = \alpha h_y / h_x = 1$이 되도록 $\alpha = 2$이므로 $h_x = 0.2$라 가정하여 h_y를 설정하라.

고유값 문제

연립 방정식의 해법은 행렬 A와 벡터 $\vec{b}$를 알 때, $A\vec{x}=b$를 만족하는 벡터 $\vec{x}$를 구하는 것이다. 그러나 고유 방정식의 해법은 정방행렬 A만 주어졌을 때 $A\vec{x}=\lambda\vec{x}$를 만족하는 상수 λ와 벡터 $\vec{x}$를 구하는 것이다. 이때 상수 λ를 고유값이라 하고 0이 아닌 벡터 $\vec{x}$를 고유값 λ에 대응하는 A의 고유벡터라고 한다. 고유 방정식은 연립 방정식과 더불어 중요한 선형 대수학의 문제이며 응용 분야가 넓은 분야이다. 특히 고유값 문제는 진동 및 탄성을 수반하는 공학과 과학 분야에서 흔히 접하게 되는 특별한 형태의 문제이며, 미분 방정식으로 표현되는 양자 역학의 파동 방정식, 주성분 분석 등의 통계학 문제, 그리고 토목 및 건축 공학의 응력 해석 문제 등 다양한 영역에 사용된다. 이 장에서는 고유값과 고유벡터에 관한 기본적인 이론을 공부하고, 고유값 문제를 해결하기 위한 수치 해법에 대해 공부한다.

고유값 문제

12.1 고유값과 고유벡터

정방 행렬(square matrix) A가 주어졌을 때 다음과 같이 표현되는 방정식을 고려해 보자.

$$A\vec{x} = \lambda\vec{x} \tag{12.1}$$

여기서 λ는 상수이고, $\vec{x}$는 벡터이다.

식 (12.1)는 벡터 $\vec{x}$가 행렬 A에 의해 연산이 되더라도 방향은 변하지 않고 크기만 변하는 것을 의미하며, 벡터 $\vec{x}$를 고유벡터(eigenvector), λ를 고유값(eigenvalue)이라 한다. 즉 고유벡터는 어떤 선형 변환이 일어난 후에도 그 방향이 변하지 않는 영이 아닌 벡터를 의미하며, 변환 후에 고유 벡터의 크기가 변하는 비율을 그 벡터의 고유값이라 한다.

식 (12.1)을 만족하는 고유벡터 $\vec{x}$와 고유값 λ를 구하기 위해 식 (12.1)의 행렬을 다른 형태로 표현하면 다음과 같다.

$$A\vec{x} = \lambda I\vec{x} \;\; \text{또는} \;\; (A - \lambda I)\vec{x} = 0 \tag{12.2}$$

여기서 I는 단위 행렬(identity matrix)이며, 행렬 A와 동일한 크기를 가진다.

식 (12.2)가 0이 아닌 $\vec{x}$를 가지려면 $|A - \lambda I| = 0$이 되는 고유값 λ의 값을 구하면 된다. 이때 $|A - \lambda I| = 0$을 행렬 A의 λ에 대한 특성 방정식(characteristic equation)이라 하며, 특성 방정식을 만족하는 근이 고유값이 된다. 일반적으로 A가 $n \times n$ 행렬이면 n차의 특성 방정식을 가지며, 따라서 n개의 고유값을 가진다. 각 고유값에 대한 고유 벡터는 식 (12.1)을 만족하는 벡터 $\vec{x}$를 구하면 된다.

정방 행렬 $A = \begin{bmatrix} 1 & 3 \\ 0 & 2 \end{bmatrix}$의 고유값과 고유벡터를 구하라.

풀이 행렬 A의 특성 방정식을 구하면 다음과 같다.

$$|A - \lambda I| = \begin{vmatrix} 1 - \lambda & 3 \\ 0 & 2 - \lambda \end{vmatrix} = (1 - \lambda)(2 - \lambda) = 0$$

따라서 특성 방정식을 만족하는 해, 즉 고유값은 λ=1 또는 λ=2이다.
이제 식 (12.1)을 사용하여 각 고유값에 대한 고유 벡터를 구해 보자.

1) λ=1일 때 $\begin{bmatrix} 1 & 3 \\ 0 & 2 \end{bmatrix} \begin{bmatrix} x_1 \\ x_2 \end{bmatrix} = \begin{bmatrix} x_1 \\ x_2 \end{bmatrix}$ $\Leftrightarrow$ $\begin{array}{c} x_1 + 3x_2 = x_1 \\ 2x_2 = x_2 \end{array}$ 이며

$x_2 = 0$의 단 하나의 중복된 식으로 표현된다.

이는 $x_1 = \cdots, -2, -1, 0, 1, 2, \cdots$등과 같이 무수히 많은 해가 존재함을 의미한다.
그러므로 이를 일반적인 형태로 표현하면 $x_1 = \alpha, x_2 = 0$이다. 여기서 α는 임의의
상수이다.
따라서 고유 벡터는 $\vec{x} = \alpha \begin{bmatrix} 1 \\ 0 \end{bmatrix} = \begin{bmatrix} 1 \\ 0 \end{bmatrix}$가 된다.

2) λ=2일 때 $\begin{bmatrix} 1 & 3 \\ 0 & 2 \end{bmatrix} \begin{bmatrix} x_1 \\ x_2 \end{bmatrix} = 2 \begin{bmatrix} x_1 \\ x_2 \end{bmatrix}$ $\Leftrightarrow$ $\begin{array}{c} x_1 + 3x_2 = 2x_1 \\ 2x_2 = 2x_2 \end{array}$ 이므로

$x_1 = 3x_2$가 되며, $x_2 = \alpha$라 가정하면 $x_1 = 3\alpha$이므로 고유 벡터는
$\vec{x} = \alpha \begin{bmatrix} 3 \\ 1 \end{bmatrix} = \begin{bmatrix} 3 \\ 1 \end{bmatrix}$가 된다.

다음의 연립 방정식이 0이 아닌 해를 갖기 위한 특성 방정식과 고유값 λ, 고유벡터 $\vec{x} = (x, y)$를 구하라.

$$x + 4y = \lambda x$$

$$2x + 3y = \lambda y$$

풀이 주어진 연립 방정식을 행렬 형태로 표기하면 다음과 같다.

$$\begin{bmatrix} 1 & 4 \\ 2 & 3 \end{bmatrix} \begin{bmatrix} x \\ y \end{bmatrix} = \lambda \begin{bmatrix} x \\ y \end{bmatrix}$$

여기서 $A = \begin{bmatrix} 1 & 4 \\ 2 & 3 \end{bmatrix}$이므로 특성 방정식은 다음과 같다.

$$\begin{bmatrix} 1 - \lambda & 4 \\ 2 & 3 - \lambda \end{bmatrix} = (1 - \lambda)(3 - \lambda) - 8 = \lambda^2 - 4\lambda - 5 = 0$$

따라서 특성 방정식을 만족하는 고유값은 $\lambda = -1$ 또는 5이다.
이제 식 (12.1)을 사용하여 각 고유값에 대한 고유벡터를 구해 보자.

1) $\lambda = -1$일 때, $\begin{bmatrix} 1 & 4 \\ 2 & 3 \end{bmatrix} \begin{bmatrix} x \\ y \end{bmatrix} = -1 \cdot \begin{bmatrix} x \\ y \end{bmatrix}$이므로, 각각의 방정식을 다시 쓰면 다음과 같다.

$$2x + 4y = 0$$

$$2x + 4y = 0$$

이 식은 다음과 같은 중복된 단 하나의 방정식으로 나타난다.

$$x = -2y$$

따라서 $y = \alpha$라 하면 $x = -2\alpha$이므로 고유벡터는 다음과 같다.

$$\vec{x} = \begin{bmatrix} x \\ y \end{bmatrix} = \alpha \begin{bmatrix} -2 \\ 1 \end{bmatrix} = \begin{bmatrix} -2 \\ 1 \end{bmatrix}$$

2) $\lambda = 5$일 때, $\begin{bmatrix} 1 & 4 \\ 2 & 3 \end{bmatrix}\begin{bmatrix} x \\ y \end{bmatrix} = 5 \cdot \begin{bmatrix} x \\ y \end{bmatrix}$이므로, 각각의 방정식으로 다시 쓰면 다음과 같다.

$$4x - 4y = 0$$

$$2x - 2y = 0$$

이 식은 다음과 같은 중복된 하나의 방정식으로 나타나며, 무한히 많은 해가 존재한다.

$$x = y$$

따라서 $\lambda = 5$에 대응하는 고유벡터는 다음과 같다.

$$\vec{x} = \begin{bmatrix} x \\ y \end{bmatrix} = \begin{bmatrix} \alpha \\ \alpha \end{bmatrix} = \alpha \begin{pmatrix} 1 \\ 1 \end{pmatrix}$$

12.2 다항식 방법

다항식 방법은 특성 다항식을 생성하는 행렬식을 전개하는 것이다. 이 다항식의 근이 고유값 문제에 대한 해가 된다. [그림 12.1]과 같은 질량 스프링 시스템은 고유값이 어떻게 발생하는지를 알 수 있는 간단한 예이다. 질량을 가진 차가 고정된 벽과 스프링으로 연결되어 한쪽 차에 가해지는 힘의 양을 조절하여 다른 쪽 차의 위치를 제어하는 시스템이다. 이러한 시스템은 주로 자동차의 서스펜션 같은 곳에서 볼 수 있다.

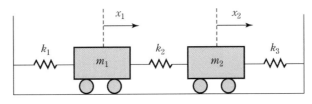

[그림 12.1] **질량-스프링 시스템**

질량−스프링 시스템은 뉴턴의 제 2법칙을 적용하면 각 질량에 대한 힘의 평형식을 다음과 같이 유도할 수 있다.

$$m_1 \frac{d^2 x_1}{dt^2} - k(-2x_1 + x_2) = 0 \tag{12.3}$$

$$m_2 \frac{d^2 x_2}{dt^2} - k(x_1 - 2x_2) = 0$$

여기서 m_1, m_2는 차의 질량이며, k는 스프링 상수, x_1, x_2는 질량 m이 각각 평형 위치로부터 떨어진 변위이다.

진동 이론에 의해 식 (12.3)의 해는 다음과 같이 정현파의 형태를 가진다.

$$x_i = X_i \sin wt \tag{12.4}$$

여기서 X_i는 질량 m의 진동 진폭이고, $w \left(= \frac{2\pi}{T}\right)$ 는 진동수, T는 주기이다.

따라서 식 (12.4)를 이용하여 식 (12.3)을 정리하면 다음과 같다.

$$\left(\frac{2k}{m_1} - w^2\right)X_1 - \frac{k}{m_1}X_2 = 0 \tag{12.5}$$

$$-\frac{k}{m_2}X_1 + \left(\frac{2k}{m_2} - w^2\right)X_2 = 0$$

식 (12.5)의 형태를 보면 12.1절에서 설명한 고유값 w^2을 구하는 문제와 동일함을 알 수 있다. 여기서 w는 초기 조건과 무관한 진동 시스템의 고유 성질을 나타내는 고유 진동수를 의미한다.

[그림 12.1]에서 $m_1 = m_2 = 40kg$이고, $k = 200N/m$인 경우 고유 진동수 w와 진동 진폭 X를 구하라.

풀이 식 (12.3)에 문제에서 주어진 값을 대입하면 다음의 연립 방정식을 얻게 된다.

$$(10 - w^2)X_1 \quad - 5X_2 = 0$$

$$-5X_1 + (10 - w^2)X_2 = 0$$

따라서 연립 방정식의 특성 방정식은 다음과 같다.

$$\begin{vmatrix} 10 - w^2 & -5 \\ -5 & 10 - w^2 \end{vmatrix} = w^4 - 20w^2 + 75 = 0$$

위의 특성 방정식을 만족하는 $w^2 = 5$ 또는 $w^2 = 15$이므로, 고유 진동수는 각각 $w = 2.236\,rad/s$와 $w = 3.873rad/s$이다.

이제 고유 진동수 w을 방정식에 대입하면 고유 벡터를 구할 수 있다. $w^2 = 5$일 때, 다음과 같은 중복된 하나의 방정식을 얻게 된다.

$$5X_1 - 5X_2 = 0$$

$$-5X_1 + 5X_2 = 0$$

이것은 $X_1 = X_2$의 관계를 가지며, 두 시스템이 진동할 때 첫 번째 질량의 진폭이 두 번째 질량의 진폭과 크기 및 부호가 같음을 의미한다.

마찬가지로 $w^2 = 15$일 때 다음과 같은 중복된 하나의 방정식을 얻게 된다.

$$-5X_1 - 5X_2 = 0$$

$$-5X_1 - 5X_2 = 0$$

이는 $X_1 = -X_2$의 관계를 가지며, 두 시스템이 진동할 때 첫 번째 질량의 진폭이 두 번째 질량의 진폭과 크기는 같으나 부호가 다름을 의미한다.

12.3 멱 방법

여러 개의 고유값 중에서 가장 크거나 지배적인 고유값을 찾는 문제는 인구 모델과 같은 다양한 모델에서 해의 안정성을 결정하는 데 중요한 역할을 한다. 멱 방법(Power method)은 여러 개의 고유값 중에서 절대값이 가장 크거나 또는 가장 작은 고유값을 찾기 위해 사용되는 반복법이다.

크기가 $n \times n$인 정방 행렬 A의 고유값이 $\lambda_1, \lambda_2, \cdots, \lambda_n$이고, 이에 대응되는 고유벡터 $\overrightarrow{x_1}, \overrightarrow{x_2}, \cdots, \overrightarrow{x_n}$이 서로 독립이라 가정하자. 그리고 n개의 고유값 중에서 λ_1의 값이 다른 고유값에 비해 매우 크며, 고유값 사이에 다음의 관계가 성립한다고 하자.

$$|\lambda_1| > |\lambda_2| \geq |\lambda_3| \geq \cdots \geq |\lambda_n| \tag{12.6}$$

이때 임의의 벡터 $\overrightarrow{X}$는 다음과 같이 표현될 수 있다.

$$\overrightarrow{X} = a_1 \overrightarrow{x_1} + a_2 \overrightarrow{x_2} + \cdots + a_n \overrightarrow{x_n} \tag{12.7}$$

따라서 식 (12.7)에 행렬 A를 곱하고, $A\overrightarrow{x} = \lambda \overrightarrow{x}$의 관계식을 대입하면 다음과 같다.

$$\overrightarrow{X} = a_1 A\overrightarrow{x_1} + a_2 A\overrightarrow{x_2} + \cdots + a_n A\overrightarrow{x_n} \tag{12.8}$$
$$= a_1 \lambda \overrightarrow{x_1} + a_2 \lambda \overrightarrow{x_2} + \cdots + a_n \lambda \overrightarrow{x_n}$$

또한 식 (12.8)에 행렬 A를 k번 반복해서 곱하면 다음의 식을 얻을 수 있다.

$$A^k \overrightarrow{X} = \lambda_1^k [a_1 \overrightarrow{x_1} + a_2 (\frac{\lambda_2}{\lambda_1})^k \overrightarrow{x_2} + \cdots + a_n (\frac{\lambda_n}{\lambda_1})^k \overrightarrow{x_n}] \tag{12.9}$$

$|\lambda_1|$이 다른 고유값에 비해 매우 크다고 가정하였으므로 아래의 식이 성립한다.

$$|\frac{\lambda_i}{\lambda_1}| < 1 \,(단,\ i = 2, 3, \cdots, n)$$

이때 k가 크면 $\frac{\lambda_i}{\lambda} \approx 0$이므로 식 (12.9)는 다음과 같이 나타낼 수 있다.

$$A^k \overrightarrow{X} = \lambda_1^k a_1 \overrightarrow{x_1} \tag{12.10}$$

마찬가지로 식 (12.8)에 A를 $k+1$번 곱한 결과는 다음과 같다.

$$A^{k+1} \overrightarrow{X} = \lambda_1^{k+1} a_1 \overrightarrow{x_1} \tag{12.11}$$

이제 식 (12.11)을 식 (12.10)으로 나누면 최대 고유값 λ_1을 얻을 수 있다.

$$\left(\frac{A^{k+1} \overrightarrow{X}}{A^k \overrightarrow{X}} \right)_{k \to \infty} = \lambda_1 \tag{12.12}$$

그러나 A^k를 계산하고 여기에 $\overrightarrow{X}$를 곱하는 것은 매우 비효율적이므로 아래와 같이 반복적인 방법을 이용하여 구하는 것이 바람직하다. 이때 $A^k \overrightarrow{X}$의 계산은 초기값 $\overrightarrow{X} = \overrightarrow{X_0}$로부터 시작한다.

$$\overrightarrow{X_1} = A \overrightarrow{X_0} (= A^1 \overrightarrow{X_0}) \tag{12.13}$$

$$\overrightarrow{X_2} = A \overrightarrow{X_1} (= A^2 \overrightarrow{X_0})$$

$$\vdots$$

$$\overrightarrow{X_k} = A \overrightarrow{X_{k-1}} (= A^k \overrightarrow{X_0})$$

$$X_{k+1} = A \overrightarrow{X_k} (= A^{k+1} \overrightarrow{X_0})$$

따라서 식 (12.13)을 이용하여 식 (12.12)를 정리하면 다음 식과 같이 표현할 수 있다.

$$\frac{\overrightarrow{X_{k+1}}}{\overrightarrow{X_k}} = \lambda_1 \tag{12.14}$$

즉 반복적인 방법을 이용하여 구한 $\overrightarrow{X_k}$와 $\overrightarrow{X_{k+1}}$을 식 (12.14)에 대입하면 가장 큰 고유값을 구할 수 있다. 또한 각 고유값에 대응하는 고유벡터는 다음과 같이 구할 수 있다.

$$\overrightarrow{X} = \frac{\overrightarrow{X_{k+1}}}{\overrightarrow{X_{k+1}(1)}} \tag{12.15}$$

여기서 $\overrightarrow{X_{k+1}(1)}$은 $\overrightarrow{X_{k+1}}$의 첫 번째 원소 값을 의미한다.

예제 12.4

멱 방법을 이용하여 다음에 주어진 행렬의 최대 고유값과 고유벡터를 구하라. 실제 고유값은 3.4142이며, 고유벡터는 $(-0.5, \ 0.7071, \ -0.5)$이다.

$$A = \begin{pmatrix} 2 & -1 & 0 \\ -1 & 2 & -1 \\ 0 & -1 & 2 \end{pmatrix}$$

풀이 $\overrightarrow{X_0} = [1,1,1]^T$를 초기값으로 시작하여 6회 반복한 결과는 다음과 같다.

$$\overrightarrow{X_1} = A\overrightarrow{X_0} = (1,0,1)^T$$

$$\overrightarrow{X_2} = A\overrightarrow{X_1} = (2,-2,2)^T$$

$$\vdots$$

$$\overrightarrow{X_5} = A\overrightarrow{X_4} = (68,-96,68)^T$$

$$\overrightarrow{X_6} = A\overrightarrow{X_5} = (232,-328,232)^T$$

$$\vdots$$

따라서 반복 결과를 식 (12.14)에 대입하면 다음과 같다.

$$\frac{\overrightarrow{X_6}}{\overrightarrow{X_5}} = (3.4118, 3.4167, 3.4118)$$

따라서 최대 고유값은 3.4167이다. 그리고 $\overrightarrow{X_6}$을 첫 번째 원소 값인 232로 나누면 고유벡터는 다음과 같다.

$$\overrightarrow{X} = (1, -1.4138, 1)$$

이 고유값과 고유벡터는 실제값과 근사함을 알 수 있다.

만일 더욱 정확한 고유값과 고유벡터를 구하려면 더 많은 거듭제곱의 행렬을 이용하면 된다. 그리고 가장 큰 고유값을 구한 후 본래의 행렬을 나머지 고유값만 갖는 행렬로 대체함으로써 두 번째 큰 고유값을 결정할 수도 있다.

Program 12.1 ➡ 멱방법

```
function [e, v]=power_method(A, x0, iter)

% A  : 행렬
% x0 : 초기값 벡터(열벡터)
% e  : 고유값(eigenvalue)
% v  : 고유벡터(eigenvector)
% iter : 반복 횟수
iteration=0 ;

while(iteration < iter)
    x=A*x0 ;              % 새로운 벡터 계산
    x_before=x0 ;         % 이전에 계산된 벡터 저장
    x0=x ;                % 새로 계산된 벡터를 초기값으로 다시 설정
    iteration=iteration+1 ;
end
xx=[x./x_before] ;        % 이전 값으로 최종값을 나눔
e=max(xx) ;               % 최대 고유값 결정
v=x./x(1) ;               % 최대 고유값에 대응하는 고유벡터 계산
```

MATLAB은 행렬의 특성 방정식과 고유값, 고유벡터를 구하기 위한 내장 함수들을 제공한다.

함수 ploy(A)는 행렬 A의 특성 방정식 $|A-\lambda I|=0$ 의 계수를 차수에 대한 내림차순으로 반환한다. 예를들어 행렬 $A = \begin{pmatrix} 2 & 1 \\ 3 & 4 \end{pmatrix}$의 특성 방정식을 구하기 위해 명령창에 다음과 같이 입력한다.

```
>> A=[2 1; 3 4];
>> p=poly(A)
p=
   1.0000  -6.0000   5.0000
```

이는 행렬 A의 특성 방정식이 $\lambda^2-6\lambda+5=0$ 임을 의미한다. 그리고 고유값을 구하려면 ploy(A) 함수의 반환값인 p를 사용하여 다음과 같이 함수 roots를 이용하면 된다.

```
>> e=roots(p)
e=
    5.0000
    1.0000
```

즉 행렬 A의 고유값은 5와 1임을 알 수 있다.

MATLAB은 poly와 roots 함수를 사용하지 않고도 행렬 A에 대한 고유 벡터와 고유값을 직접적으로 구해 주는 내장 함수 eig를 제공한다. 함수 eig는 여러가지 사용 형식이 있으며, 여기서는 자주 사용하는 세 가지 형식에 대해서만 설명한다.

1. d = eig(A)   % 행렬 A의 고유값을 열벡터 형태로 반환한다.
2. [Q, d] = eig(A)   % 행렬 A의 고유벡터들이 열들로 포함된 정방행렬 Q와
                     % 대각선에 행렬 A의 고유값들을 포함하고 있는
                     % 정방행렬 d를 반환한다.
3. d = eig(A, B)   % $A\vec{x}=\lambda B\vec{x}$의 형태인 경우 고유값 d를 열벡터 형태로 변환한다.

다음의 예제를 살펴보자.

```
>> A=[0.5  0.25 ; 0.25  0.5];
>> d=eig(A)
d =
        0.2500
        0.7500
```

이것은 주어진 행렬 A의 고유값이 0.25과 0.75임을 의미한다.

```
>> [Q, d]=eig(A)
Q=
        0.7071      0.7071
       -0.7071      0.7071
d =
        0.2500           0
             0      0.7500
```

실행 결과 고유값은 d의 대각 성분인 0.25과 0.75이며, 고유값 0.25에 대응하는 고유벡터는 [0.7071, −0.7071], 0.75에 대응하는 고유벡터는 [0.7071, 0.7071]임을 의미한다.

그리고 $\overrightarrow{Ax} = \lambda \overrightarrow{Bx}$의 형태를 가지는 시스템에서 $A = \begin{bmatrix} 1 & 2 \\ 3 & 4 \end{bmatrix}$, $B = \begin{bmatrix} -1 & 0 \\ 2 & -1 \end{bmatrix}$인 경우 아래와 같이 eig(A, B)를 사용하면 고유값을 구할 수 있다.

```
>> A=[1  2 ; 3  4]; B=[-1  0 ; 2  -1];
>> d=eig(A, B)
d =
        0.2170
       -9.2170
```

즉 고유값은 0.2170, −9.2170임을 알 수 있다.

그림과 같은 3자유도계를 가지는 질량 스프링 시스템의 고유 진동수를 구하라.
$m_1 = 10\,kg$, $m_2 = 20\,kg$, $m_3 = 30\,kg$, $k_1 = 10\,kN/m$, $k_2 = 20\,kN/m$,
$k_3 = 25\,kN/m$, $k_4 = 15\,kN/m$이며, 바닥과의 마찰력은 무시된다고 가정한다.

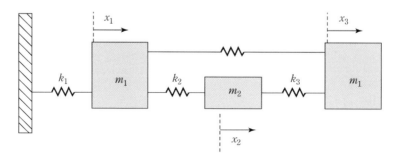

[그림 10.2] **3자유도계를 가지는 질량 스프링 시스템**

풀이 주어진 질량 스프링 시스템의 운동 방정식은 다음과 같다.

$$m_1 \frac{d^2 x_1}{dt^2} + (k_1 + k_2 + k_4)x_1 - k_2 x_2 - k_4 x_3 = 0 \tag{12.16}$$

$$m_2 \frac{d^2 x_2}{dt^2} - k_2 x_1 + (k_2 + k_3)x_2 - k_3 x_3 = 0$$

$$m_3 \frac{d^2 x_3}{dt^2} - k_4 x_1 - k_3 x_2 + (k_3 + k_4)x_3 = 0$$

만일 진동의 운동이 조화 운동이라 가정하면 다음과 같이 표현할 수 있다.

$$x_i = u_i e^{jwt} \tag{12.17}$$

여기서 $u = 1, 2, 3, \ldots$이다.

따라서 문제에서 주어진 질량 및 스프링 상수를 운동 방정식 (12.16)에 대입하여 정
리하면 다음과 같다.

$$-w^2 10 u_1 + 45000 u_1 - 20000 u_2 - 15000 u_3 = 0 \tag{12.18}$$

$$w^2 20 u_2 - 20000 u_1 + 45000 u_2 - 25000 u_3 = 0$$

$$w^2 30 u_3 - 15000 u_1 - 25000 u_2 + 40000 u_3 = 0$$

이러한 연립 방정식은 아래와 같이 행렬 형태로 표현할 수 있다.

$$-w^2 Mu + Ku = 0 \tag{12.19}$$

여기서 $M = \begin{pmatrix} 10 & 0 & 0 \\ 0 & 20 & 0 \\ 0 & 0 & 30 \end{pmatrix} kg$ 이며, $K = \begin{pmatrix} 45 & -20 & -15 \\ -20 & 45 & -25 \\ -15 & -25 & 40 \end{pmatrix} kN/m$ 이다.

식 (12.19)를 $Ax = \lambda Bx$의 형태를 가지도록 변형하면 다음과 같다.

$$Mu = \lambda Ku \tag{12.20}$$

여기서 $\lambda = \dfrac{1}{w^2}$ 이다.

따라서 MATLAB 내장 함수인 $\text{eig}(A, B)$를 사용하여 고유값 λ를 구하고, 그 역수를 취함으로써 고유 진동수 w^2를 구할 수 있다.

다음의 MATLAB 명령어를 살펴보자.

```
>> M=[10 0 0 ; 0 20 0 ; 0 0 30];
>> K=[45 -20 -15 ; -20 45 -25 ; -15 -25 40]*1000;
>> lamda=eig(M, K)
lamda=
     0.0002
     0.0004
     0.0073
>> omega_2=[1 1 1]'./lamda ;
>> omega=sqrt(omega_2) ;
omega=
      72.2165
      52.2551
      11.7268
```

따라서 주어진 질량 스프링 시스템은 72.2165rad/s, 52.2551rad/s, 11.7268 rad/s의 고유 진동수로 진동함을 알 수 있다.

1. 다음 행렬의 고유값과 고유 벡터를 구하라.

① $A = \begin{bmatrix} 1 & -2 \\ 1 & 4 \end{bmatrix}$ ② $A = \begin{bmatrix} 2 & -2 \\ -2 & 3 \end{bmatrix}$

③ $A = \begin{bmatrix} 1 & -2 \\ -2 & 4 \end{bmatrix}$ ④ $A = \begin{bmatrix} 1 & 2 \\ 2 & 1 \end{bmatrix}$

2. 멱 방법을 이용하여 다음에 주어진 행렬의 최대 고유값과 고유벡터를 구하라. 실제 고유값은 3.4142이며, 고유벡터는 $(-0.5,\ 0.7071,\ -0.5)$이다.

$$A = \begin{pmatrix} 2 & -1 & 0 \\ -1 & 2 & -1 \\ 0 & -1 & 2 \end{pmatrix}$$

3. 행렬 A는 다음과 같이 정의된다.

$$A = \begin{bmatrix} 2 & 2 & 10 \\ 8 & 3 & 4 \\ 10 & 4 & 5 \end{bmatrix}$$

(a) A의 특성 방정식을 구하고, 고유값을 구하라.

(b) 다항식 방법으로 고유값을 구하라.

(c) 멱 방법으로 최대 고유값을 구하라.

(d) MATLAB 내장 함수 eig를 사용하여 (a)~(c)의 결과와 비교하라.

4. 다음의 시스템에 대해서 아래의 물음에 답하라.

$$A = \begin{bmatrix} -4-\lambda & 14 & 0 \\ -5 & 13-\lambda & 0 \\ -1 & 0 & 2-\lambda \end{bmatrix}, \vec{X_0} = [1,1,1]^T$$

(a) A의 고유값과 고유벡터를 구하라.

(b) 멱 방법을 이용하여 최대 고유값 및 대응되는 고유벡터를 구하라.

5. 주어진 초기 벡터와 멱 방법을 이용하여 다음 행렬의 최대 고유값을 구하라.

$$A = \begin{bmatrix} 4 & 6 & 2 \\ 5 & 10 & 0 \\ 1 & 0 & 2 \end{bmatrix}, \vec{X_0} = [1,0,1]^T$$

6. 아래의 그림은 인가 전압이 0V인 LC 회로를 나타낸다. 이 회로에 대해 키르히호프 전압 법칙을 적용하면 다음과 같은 연립 상미분 방정식을 얻는다.

$$L_1 \frac{d^2 i_1}{dt^2} + \frac{1}{C_1}(i_1 - i_2) = 0$$

$$L_2 \frac{d^2 i_2}{dt^2} + \frac{1}{C_2}(i_2 - i_3) - \frac{1}{C_1}(i_1 - i_2) = 0$$

$$L_3 \frac{d^2 i_3}{dt^2} + \frac{1}{C_3} - \frac{1}{C_2}(i_2 - i_3) = 0$$

여기서 $L = 0.005\mathrm{H}$, $C = 0.001\mathrm{F}$일 때 이 시스템에 대한 고유값과 고유벡터를 구하라.

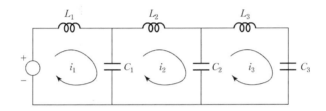

7. MATLAB 함수를 사용하여 아래에 주어진 질량–스프링 시스템에 대해 고유값과 고유벡터를 구하고 각 질량의 진동에 대해 설명하라. 단, $m_1 = 1kg$, $m_1 = 2kg$, 그리고 $k = 1N/m$ 이다.

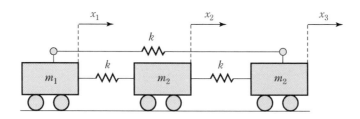

8. $E = (1/(n+1))C$를 생성하기 위해 C의 각 요소는 다음 식에 의해 결정된다.

$$c_{ij} = i(n-i+1) \qquad \text{if} \ \ i = j$$
$$= c_{i,j-1} - i \qquad \text{if} \ \ j > i$$
$$= c_{ji} \qquad\qquad \text{if} \ \ j < i$$

$n = 20$과 $n = 50$에 대해 E의 고유값을 구하라. 이 시스템의 정확한 해는 $\lambda_k = 1/[2 - 2\cos(k\pi/(n+1))]$ 이며, $k = 1, 2, ..., n$ 이다.

최적화

공학 설계의 목적은 주어진 제한 조건을 만족시키면서 최대의 성능을 가지는 시스템을 설계하는 것이다. 대부분의 경우 설계 및 개발자들은 장치 또는 제품을 설계하거나 개발할 때 여러 가지 물리적 제약이 존재하게 되며 성능과 이러한 제약 조건 사이의 균형을 구하는 최적화 문제에 부딪히게 된다. 그러나 최근 컴퓨터 성능의 발전과 컴퓨터를 이용한 해석 기술 및 도구의 발달로 인해 적은 시간과 비용으로 최고의 성능을 가지는 최적 설계가 활발히 연구되고 있으며 그 응용 범위는 다양한 분야에서 급격히 증가하고 있다. 이 장에서는 가장 널리 알려진 최적화 방법으로 선형 프로그래밍과 켤레 구배법에 대해 설명한다.

최적화

13.1 최적화 문제

최적화(optimization)란 함수의 최대값 또는 최소값을 찾는 것이다. 이러한 최적점은 [그림 13.1]과 같이 도함수 $f'(x) = 0$이 되는 점으로써, 2차 도함수 $f''(x) > 0$이면 최소값, $f''(x) < 0$이면 최대값이 된다.

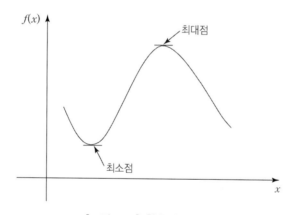

[그림 13.1] **함수의 최적점**

그러나 대부분의 경우 함수 $f(x)$의 도함수를 구하는 것은 쉽지 않으며, 도함수를 근사하기 위해 유한 계차법을 사용해야 하므로 최적화는 복잡해진다.

따라서 단순한 근 구하기가 아닌 또 다른 수학적 접근을 이용하여 최적화할 필요가 있다. 이러한 최적화는 최소 중량 및 최대 강도의 항공기를 설계하거나 우주선의 최적 궤도 찾기, 비용을 최소화하는 보수 계획, 전기 회로와 기계의 열 발생을 최소화하면서 최대 출력을 설계할 때 등 많은 분야에서 응용되고 있다.

최적화 문제는 일반적으로 다음과 같이 표현된다.

$f(x)$를 최소화 또는 최대화하며 다음의 조건을 만족하는 변수 x를 구하라.

$$d_i(x) \leq a_i, \ i = 1, 2, ..., m$$
$$e_i(x) = b_i, \ \ i = 1, 2, ..., p$$

여기서 $f(x)$는 목적 함수이며, d_i는 부등식 구속 조건, e_i는 등식 구속 조건, a_i, b_i는 상수이다.

최적화 방법들을 설명하기에 앞서 예제 13.1을 통해 낙하산 비용의 최적화 문제를 수식화하는 방법에 대해 살펴보자.

예제 13.1

낙하산을 이용하여 전쟁 지역의 피난민에게 물자를 공수하고자 한다. 낙하산을 가능한 한 낮은 고도에서 떨어뜨려 피난민 캠프에 근접하려고 할 때 공수 비용을 최소로 하는 낙하산의 크기와 개수를 구하기 위한 목적 함수와 구속 조건을 표현하라.

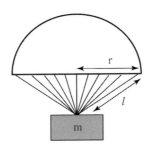

[그림 13.2] **펼쳐진 낙하산의 모습**

풀이 낙하산은 수송기에서 떨어지자마자 펼쳐지며, 손상을 줄이기 위해 지면에 도착하는 충격 속도가 적어도 $v_c = 20m/s$보다 작아야 한다. 이 낙하산의 단면적은 반구의 단면적과 같다.

$$A = 2\pi r^2 \tag{13.1}$$

낙하산에 연결된 16개의 줄의 길이는 다음과 같이 낙하산 반지름 r의 항으로 표시된다.

$$l = \sqrt{2}\, r \tag{13.2}$$

또한 낙하산에 걸리는 항력 계수 c는 단면적의 선형 함수로 표현된다.

$$c = k_c A \tag{13.3}$$

여기서 k_c는 항력에 대한 면적의 영향을 나타내는 비례상수($kg/(s \cdot m^2)$)를 의미한다. 그리고 낙하산이 실어 나를 전체 하중을 M이라 할 때 n개의 개별 뭉치로 나누면 각각의 뭉치 질량 m은 다음과 같다.

$$m = \frac{M}{n} \tag{13.4}$$

그리고 낙하산 한 대의 가격 w은 다음과 같이 비선형식으로 표현된다.

$$w = c_0 + c_1 l + c_2 A^2 \tag{13.5}$$

여기서 c_0, c_1, c_2는 가격 계수들로써, c_0는 낙하산들의 기본 가격이다. 이 문제는 공수 비용(C)을 최소로 하는 낙하산의 크기와 개수를 정하는 것이다. 따라서 목적 함수는 다음의 식으로 표현된다.

$$C의\ 최소화 = n \cdot w = n \cdot (c_0 + c_1 l + c_2 A^2) \tag{13.6}$$

또한 구속 조건은 충격 속도(v)가 임계 속도(v_0)보다 작아야 하며, 뭉치의 개수는 1보다 같거나 큰 정수이어야 한다.

$$v \leq v_o \quad n \geq 1 \tag{13.7}$$

여기서 n은 정수이다.

따라서 목적 함수와 구속 조건을 정리하면 다음과 같다.

목적 함수 $C = n \cdot (c_0 + c_1 l + c_2 A^2)$의 최소화

구속 조건 $v \leq v_o \quad n \geq 1$

이제 적절한 최적화 방법을 사용하여 목적 함수와 구속 조건이 만족되는 설계 변수를 찾아내면 된다.

13.2 선형 프로그래밍

선형 프로그래밍(Linear Programming)법은 제한된 자원과 같은 구속 조건이 주어질 경우 이윤을 최대화하거나 비용을 최소화하여 원하는 목적을 만족시키는 최적화 방법이다. 선형이란 목적 함수나 구속 조건을 표현하는 수학적 함수들이 모두 선형임을 의미하며, 프로그래밍은 스케줄을 정하거나 과제 목록을 정하는 것을 함축한다.

13.2.1 선형 프로그래밍의 형태

선형 프로그래밍 문제는 유한한 자원을 사용하는 활동이 갖는 구속 조건하에서 여러 가지 활동들에 의한 성과를 최대화하는 것이다. 따라서 최대화 문제에서 목적 함수 및 구속 조건은 일반적으로 다음과 같이 표현된다.

$$\text{목적 함수} : Z\text{의 최대화} = c_1 x_1 + c_1 x_1 + \cdots + c_n x_n \tag{13.8}$$

$$\text{구속 조건} \;\; : a_{i1} x_1 + a_{i2} x_2 + \cdots + a_{\in} x_n \leq b_i \tag{13.9}$$

여기서 c_i는 i번째 활동 성과이며, x_i는 i번째 활동의 크기를 의미한다. 따라서 목적 함수값 Z는 총 n개의 활동에 대한 성과의 합이다. 또한 a_{ij}는 j번째 활동으로 소요된 i번째 자원의 양이며, b_i는 가용한 i번째 자원의 양이 된다. 자원은 제한되며, 모든 활동들은 양의 값을 가져야 한다. 다음의 간단한 예를 통해 선형 프로그래밍 문제를 고려해 보자.

가스를 정제하는 공장이 매주 일정한 양의 원료 가스를 받는다고 가정하자. 원료 가스는 난방용 가스로 사용되는 보통 및 우수 등급으로 정제되며, 각 등급의 가스는 회사에 각기 다른 이윤을 제공한다. 그러나 한 번에 한 개 등급의 제품만 생산되며, 시설물은 주당 80시간만 사용된다. 또한 각 제품들은 공장 내 저장 장소의 제약이 따른다. 이러한 구속 조건들을 정리하면 다음과 같다.

자원	제품		자원의 가용도
	보통 등급	우수 등급	
원료 가스	7㎥/주	11㎥/주	77㎥/주
생산 시간	10시간/톤	8시간/톤	80시간/주
저장 공간	9톤	6톤	9톤
이윤	150/톤	175톤	

주어진 구속 조건에 따라 운영에 따른 이윤을 최대화하는 선형 프로그래밍 공식을 설계하면 다음과 같다.

먼저 이러한 공장을 가동하는 엔지니어는 이윤을 극대화하기 위해 각각 얼마만큼의 가스들을 생산할지를 결정해야 한다. 주당 생산되는 보통 등급과 우수 등급의 제품량을 각각 x_1, x_2라 하면 주당 전체 이윤은 다음과 같이 계산된다.

$$\text{전체 이윤} = 150x_1 + 175x_2$$

또한 구속 조건 중 첫 번째로 전체 원료 가스의 사용량은 다음과 같이 계산된다.

$$\text{사용된 전체 원료의 사용량} = 7x_1 + 11x_2$$

이 값은 주당 가용한 양인 77m³/week을 넘지 않아야 한다. 따라서 구속 조건은 다음과 같다.

$$7x_1 + 11x_2 \leq 77$$

다른 구속 조건들도 같은 방법으로 구해지며 이를 정리하면 다음과 같다.

목적 함수	$Z = 150x_1 + 175x_2$의 최대화	
구속 조건	$7x_1 + 11x_2 \leq 77$	(재료의 구속 조건)
	$10x_1 + 8x_2 \leq 80$	(시간의 구속 조건)
	$x_1 \leq 9$	(보통 등급의 보관 구속 조건)
	$x_2 \leq 6$	(우수 등급의 보관 구속 조건)
	$x_1,\ x_2 \geq 0$	(양수의 구속 조건)

13.2.2 그래프적 해

13.2.1절에서 설명한 바와 같이 주어진 최적화 문제가 목적 함수와 구속 조건으로 수식화되면 이를 만족하는 해를 구하기 위해 그래프를 이용할 수 있다.

2차원 선형 프로그래밍 문제에서는 해의 공간이 가로축을 따라 측정되는 x_1과 세로축을 따르는 x_2에 의한 평면이 된다. 따라서 목적 함수와 구속 조건들은 한 공간에 직선 형태로 나타낼 수 있으며, 구속 조건이 모두 만족되는 공간에 대해 목적 함수는 최대값이 될 때까지 조정된다. 이때 목적 함수와 교차하는 x_1과 x_2의 값이 구하고자 하는 최적해가 된다. 13.2.1절에서 살펴본 가스 정제 문제에 대해 그래프적인 해를 구해 보자.

먼저 구속 조건들을 해의 공간에 나타내기 위해 첫 번째 구속 조건으로부터 x_2에 대해 풀면 다음과 같이 직선 식으로 표현된다.

$$x_2 \leq -\frac{7}{11}x_1 + 7$$

이러한 구속 조건을 만족하는 가능한 x_1, x_2의 값들은 [그림 13.3(a)]와 같이 직선 아래에 놓이게 된다. 다른 구속 조건들도 마찬가지 방법으로 그래프 상에 도시되며, 모든 구속 조건들이 만족되는 공간은 빗금으로 표시하였다. 이 때 빗금 친 모든 조건을 만족하면서 최대값을 갖는 목적 함수를 선택해야 한다.

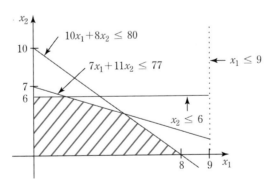

(a) 빗금 친 영역은 구속 조건들이 모두 만족되는 공간

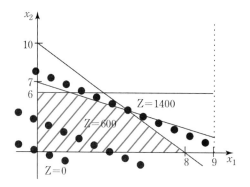

(b) 목적 함수는 모든 구속 조건을 만족하면서 최대값에 도달할 때까지 증가됨

[그림 13.3] **선형 프로그래밍의 그래프적 해**

예를 들면 [그림 13.3(b)]에서 $Z = 0$에 대한 목적 함수는 다음과 같다.

$$0 = 150x_1 + 175x_2 \rightarrow x_2 = -\frac{150}{175}x_1$$

이는 원점을 지나는 점선으로 나타난다.

또한 $Z = 600$으로 가정하면 목적 함수는 다음과 같이 표현된다.

$$600 = 150x_1 + 175x_2 \rightarrow x_2 = \frac{600}{175} - \frac{150}{175}x_1$$

이는 [그림 11.3(b)]에서 두 번째 점선에 해당한다. Z의 값을 계속 증가시켜 빗금 친 영역 밖으로 나가기 직전까지 이동시키면 Z의 최대값은 약 1400이 된다. 이 점에서 x_1과 x_2는 각각 약 4.9와 3.9가 된다. 따라서 보통 등급의 가스와 우수 등급의 가스를 이 양들만큼 생산하면 최대 약 1400의 이윤을 얻게 되는 것이다.

이와 같이 선형 프로그래밍의 그래프적 해석에서는 최적 해를 구하려면 모든 가능한 극점에서의 목적 함수값을 계속해서 계산해야 하므로 매우 비효율적이다. 다음 절에서는 효율적인 방법으로 최적해에 이르기 위해 순차적 방법으로 가능 극점들의 선택적 경로를 구하는 Simplex 법에 대해 살펴볼 것이다.

13.2.3 Simplex법

Simlex법은 슬랙(slack)이라는 변수를 도입하고 이를 이용하여 구속 조건을 등식 형태로 재구성한다. 슬랙이란 구속된 자원의 양이 얼마나 가용한지를 나타내는 척도이다. 앞 절에서 살펴 본 구속 조건식을 다시 생각해 보자.

$$7x_1 + 11x_2 \leq 77$$

만일 x_1, x_2에 대해 사용되지 않은 원료 가스의 양을 슬랙 변수 S_1이라 정의하면 다음의 등식이 성립된다.

$$7x_1 + 11x_2 + S_1 = 77 \tag{13.10}$$

만일 S_1이 양수이면, 구속 조건에 대해 약간의 잉여 자원이 있음을 의미한다. 그러나 S_1이 음수이면 구속 조건을 초과하였음을 나타내고, 0이면 구속 조건을 정확하게 만족함을 의미한다. 다른 슬랙 변수들도 각 구속 조건식에 대해 정의하면 아래와 같이 6개의 미지수와 네 개의 방정식을 갖는 연립 방정식의 형태를 가진다.

목적 함수 $Z = 150x_1 + 175x_2$의 최대화

구속 조건 $7x_1 + 11x_2 + S_1 = 77$

                  $10x_1 + 8x_2 + S_2 = 80$

                  $x_1 + S_3 = 9$

                  $x_2 + S_4 = 6$

                  $x_1, x_2, S_1, S_2, S_3, S_4 \geq 0$

Simplex법은 연립 방정식의 해를 구하기 위해 한 개의 기저 가능해로부터 출발하며, 목적 함수의 값을 연속적으로 개선하기 위해 다른 기저 가능해들을 순차적으로 적용한다. 결국 최적값에 도달하면 종료하게 된다.

예를 들어 슬랙 변수로 표현된 4개 미지수의 6개 방정식에서 $x_1 = x_2 = 0$을 기저 가능해라 두면 구속 조건식은 다음 식과 같아진다.

$$S_1 = 77, \quad S_2 = 80, \quad S_3 = 9, \quad S_4 = 6$$

목적 함수와 구속 조건을 표로 나타내면 다음과 같다. 이 표는 선형 프로그래밍을 구성하는 주요 정보를 요약한 것으로써 각 변수의 계수만을 나타낸 것이다.

Basic	Z	x_1	x_2	S_1	S_2	S_3	S_4	해	교 점
Z	1	-150	-175	0	0	0	0	0	
S_1	0	7	11	1	0	0	0	77	11
S_2	0	10	8	0	1	0	0	80	8
S_3	0	1	0	0	0	1	0	9	9
S_4	0	0	1	0	0	0	1	6	∞

표에서 목적 함수 Z는 다음과 같이 표현될 수 있으며, 주어진 목적 함수 식과 동일하다.

$$Z - 150x_1 - 175x_2 = 0 \tag{13.11}$$

다음 단계는 목적 함수의 값을 개선하는 다른 기저 가능해로 이동하는 것이다. 즉 현재의 비기저 변수인 x_1 또는 x_2의 값을 Z가 증가하도록 0보다 크게 증가시키는 것이다. 예제의 경우 극점들은 2개의 0을 가져야 하므로 현재의 기저 변수들(S_1, S_2, S_3, S_4) 중 하나는 0으로 놓아야 한다.

이러한 단계를 요약하면 현재의 비기저 변수들 중 하나는 기저 변수가 되도록 해야 하며 이러한 변수를 들어오는 변수(entering)라 한다. 또한 이 과정에서 현재의 기저 변수 중 하나는 0의 값을 갖는 비기저 변수가 되며 이를 나가는 변수(leaving)라고 한다.

식 (13.11)의 목적 함수가 작성된 형태로 인해 들어오는 변수는 목적 함수에서 음의 계수를 갖는 어떤 변수도 될 수 있다. 이는 음의 계수가 Z의 값을 증가시키기 때문이다. 일반적으로 가장 큰 음의 계수를 갖는 변수를 선택한다. 따라서 x_2의 계수인 -175는 x_1의 계수인 -150보다 음의 값이 더 크므로 x_2가 들어오는 변수가 된다.

그리고 구속 직선이 나가는 변수에 해당하는 직선이나 축(x_1)과 만나는 교점(intercept)을 계산한다. 교점은 다음과 같이 표의 '해'의 계수를 나가는 변수의 계수로 나눈 비의 값을 정의된다.

$$교점 = \frac{해의\ 계수}{나가는\ 변수의\ 계수}$$

애를 들어 첫 번째 구속조건이 슬랙변수 S_1에 대해 나가는 변수 x_1의 계수로 나누면 교점은 $\frac{77}{7} = 11$이 된다. 나머지 교점도 동일한 방법으로 계산할 수 있다. 그 중 8이 가장 작은 양의 정수이므로 두 번째 구속 직선은 x_1이 증가하면서 가장 먼저 도달할 것이다. 따라서 S_2가 들어오는 변수가 된다. 이렇게 하면 $x_2 = S_2 = 0$에 도달하게 되며 새로운 기저해는 다음과 같다.

$$7x_1 + S_1 = 77$$
$$10x_1 = 80$$
$$x_1 + S_3 = 9$$
$$S_4 = 6$$

즉 $x_1 = 8$, $S_1 = 21$, $S_3 = 1$, $S_4 = 6$이다.

이제 표에 Gauss−Jordan법을 적용함으로써 위와 동일한 계산을 수행할 수 있다. Gauss−Jordan법은 피봇 요소를 1로 바꾼 후 이 피봇 요소와 같은 열에 있는 상하 요소들을 제거하는 것이다.

여기서 피봇 행은 들어가는 변수 S_2가 되며, 피봇 요소는 나가는 변수 x_1의 계수 10이다. 따라서 이 행을 10으로 나눈 후 S_2를 x_1으로 바꾸면 다음과 같은 표를 얻을 수 있다.

Basic	Z	x_1	x_2	S_1	S_2	S_3	S_4	해	교 점
Z	1	-150	-175	0	0	0	0	0	
S_1	0	7	11	1	0	0	0	77	
x_1	0	1	0.8	0	0.1	0	0	8	
S_3	0	1	0	0	0	1	0	9	
S_4	0	0	1	0	0	0	1	6	

다음은 다른 행에 있는 x_1의 계수들을 제거한다. 예를 들면 목적 함수 행에 대해서는 피봇 행에 -150을 곱한 후 첫 번째 행으로부터 빼면 다음과 같다.

Z	x_1	x_2	S_1	S_2	S_3	S_4	해
1	-150	-175	0	0	0	0	0
-0	$-(-150)$	$-(-120)$	-0	$-(-15)$	0	0	$-(-1200)$
1	0	-55	0	15	0	0	1200

나머지 행에 대해서도 유사한 연산을 수행하면 다음과 같은 새로운 결과를 얻는다.

Basic	Z	x_1	x_2	S_1	S_2	S_3	S_4	해	교 점
Z	1	0	-55	0	15	0	0	1200	
S_1	0	0	5.4	1	-0.7	0	0	21	3.889
x_1	0	1	0.8	0	0.1	0	0	8	10
S_3	0	0	-0.8	0	-0.1	1	0	1	-1.25
S_4	0	0	1	0	0	0	1	6	6

이러한 과정은 $Z = 1200$이 되도록 목적 함수 값을 증가시킨 것이다. 이제 tableau에서 x_2 변수만이 목적 함수에서 음의 계수를 가지므로 이를 나가는 변수로 선택한다. x_2열의 계수에 대한 해 열의 비로 계산된 교점 값을 보면 첫 번째 구속 조건이 가장 작은 양의

값을 갖는다. 따라서 S_1이 들어오는 변수가 된다. 마지막으로 Gauss-Jordan 법을 적용하면 다음의 결과를 얻게 된다.

Basic	Z	x_1	x_2	S_1	S_2	S_3	S_4	해
Z	1	0	0	10.1852	7.8704	0	0	1413.889
x_2	0	0	1	0.1852	−0.1296	0	0	3.889
x_1	0	1	0	−0.1481	0.2037	0	0	4.889
S_3	0	0	0	0.1481	−0.2037	1	0	4.111
S_4	0	0	0	0.1852	0.1296	0	1	2.111

이제 목적 함수의 행에는 음의 계수가 없으므로 계산은 종료된다. 따라서 마지막 해는 $x_1 = 4.889$, $x_2 = 3.889$이며, 최대 목적 함수 값은 $Z = 1413.889$이다. 또한 S_3와 S_4가 여전히 기저 변수로 있으므로 이 해는 첫 번째와 두 번째 구속 조건에 의해 제한됨을 알 수 있다.

예제 13.2

도너츠와 꽈배기 두 빵을 만드는데, 도너츠는 한판 당 2만원의 이익이 발생하고 꽈배기는 한판 당 5만원의 이익이 발생한다고 가정하자. 도너츠를 한판 생산하는 데 9kg의 밀가루와 3시간 동안의 기계 사용 시간을 가지며, 꽈배기 한판은 5kg의 재료와 4시간 동안의 기계 사용 시간을 가진다. 이때 밀가루는 총 300kg를 사용할 수 있으며, 기계 가동 시간은 최대 200시간이라고 한다. 이때, 최대의 이익을 창출하기 위한 도너츠와 꽈배기의 생산량을 결정하라.

풀이 주어진 최적화 문제는 다음과 같이 요약할 수 있다.

자원	도너츠	꽈배기	
밀가루	9kg/판	5kg/판	300kg
기계 사용 시간	3시간/판	4시간/판	200시간
이윤	2만원/판	5만원/판	

도너츠를 x_1, 꽈배기를 x_2라 할 때 슬랙 변수를 사용하여 목적 함수와 구속 조건을 수식으로 나타내면 다음과 같다.

목적 함수 $Z = 2x_1 + 5x_2$의 최대화

구속 조건 $3x_1 + 4x_2 + S_1 = 200$

$9x_1 + 5x_2 + S_2 = 300$

$x_1 \ x_2, \ S_1, \ S_2 \geq 0$

이는 네 개의 미지수를 갖는 두 개의 연립 방정식을 푸는 문제와 같다. 따라서 기저 가능해를 $x_1 = x_2 = 0$이라 두면 슬랙 변수의 해는 다음과 같다.

$S_1 = 185, \ S_2 = 255$

이를 tableau로 나타내면 다음과 같다.

Basic	Z	x_1	x_2	S_1	S_2	해	교 점
Z	1	-2	-5	0	0	0	
S_1	0	3	4	1	0	200	
S_2	0	9	5	0	1	300	

이제 들어오는 변수와 나가는 변수를 선택한다. 목적 함수 Z에서 -5가 가장 큰 음의 계수이므로 x_2가 들어오는 변수가 된다.

그리고 나가는 변수를 결정하기 위해 들어오는 변수 x_2의 계수로 해를 나눈다. 이를 적용한 tableau는 다음과 같다.

Basic	Z	x_1	x_2	S_1	S_2	해	intercept
Z	1	-2	-5	0	0	0	0
S_1	0	3	4	1	0	200	50
S_2	0	9	5	0	1	300	60

이제 교점값 중에서 0이 아닌 가장 작은 양의 정수를 나가는 변수로 선택한다. 즉 S_1이 나가는 변수가 됨을 알 수 있다. Gauss-Jordan법을 사용하기 위해 S_1의 행을 4로 나누고 S_1을 x_2로 바꾼다. 따라서 tableau는 다음과 같이 수정된다.

Basic	Z	x_1	x_2	S_1	S_2	해	교 점
Z	1	-2	-5	0	0	0	
S_1	0	0.75	1	0.25	0	50	
S_2	0	9	5	0	1	300	

그리고 Gauss-Jordan법을 사용하면 다음과 같다.

Basic	Z	x_1	x_2	S_1	S_2	해	교 점
Z	1	1.75	0	1.25	0	250	
x_1	0	0.75	1	0.25	0	50	
x_2	0	5.25	0	-1.25	1	50	

이제 tableau에서 목적 함수 Z의 계수 중에는 음의 계수가 없으므로 계산은 종료되고, x_1과 x_2 모두 0 이상의 양수이므로 250이 최적값이 된다.

즉, $x_1 = 0$, $x_2 = 50$에서 최적값 $Z = 250$을 가지게 된다. 따라서 꽈배기만 50판 생산하면 250만원의 최대 이익을 얻게 된다.

그러나 S_2는 기저변수로 남아있으므로 이 해는 두 번째 구속 조건에 의해 제한된다.

MATLAB은 선형 프로그래밍 문제를 풀기 위한 최적화 함수 lp를 제공한다. 함수 lp는 다음과 같이 선형 목적 함수와 구속 조건으로 이루어진 최적화 문제에서 목적 함수 $c^T x$ 를 최소로 하는 x를 구하기 위해 사용된다.

목적 함수 : $c^T x$를 최소화
구속 조건 : $Ax \leq b$

따라서 함수 lp를 사용하려면 행렬 c, A, b를 입력으로 하여 $c^T x$를 최소로 하는 x를 구한다.

$x = $lp(c, A, b)

만일 x의 상한값 xu과 하한값 xl을 지정하려면 다음과 같이 사용한다.

$x = $lp(c, A, b, xl, xu)

만약 시작값 x0을 지정하려면 다음과 같이 사용한다.

$x = $lp(c, A, b, x0, xl, x0)

다음과 같은 선형 프로그래밍 최적화 문제를 함수 lp를 사용하여 풀어보자.

목적 함수 : $f = -x_1 - 0.5x_2$
구속 조건 : $2x_1 + 3x_2 \leq 12$
$2x_1 + x_2 \leq 8$
$x_1, x_2 \geq 0$

이를 행렬 형태로 나타내면 다음과 같다.

$$f = \begin{bmatrix} -1 \\ -0.5 \end{bmatrix}^T \begin{bmatrix} x_1 \\ x_2 \end{bmatrix} = c^T \begin{bmatrix} x_1 \\ x_2 \end{bmatrix}$$

$$\begin{bmatrix} 2 & 3 \\ 2 & 1 \\ -1 & 0 \\ 0 & -1 \end{bmatrix} \begin{bmatrix} x_1 \\ x_2 \end{bmatrix} \leq \begin{bmatrix} 12 \\ 8 \\ 0 \\ 0 \end{bmatrix}$$

따라서 다음과 같이 입력한다.

```
>> c=[-1; -0.5]; A = [2 3; 2 1; -1 0; 0 -1]; b=[12; 8; 0; 0]
>> x=lp(c,A,b)
x=3.2
   1.6
```

즉 $x_1 = 3.2$, $x_2 = 1.6$의 최적해를 얻게 된다.

13.3 켤레 구배법

켤레 구배법(Conjugate gradient method)은 다차원 함수의 최대 또는 최소값을 구하거나 선형 시스템의 해를 구하기 위해 널리 사용되는 최적화 기법이다.

연립 선형 방정식 $Ax = b$에서 A의 크기가 크거나 희소 행렬이면 해 x를 구하기가 쉽지 않다. 이때 켤레 구배법을 이용하면 A의 역행렬을 구하지 않고도 해 x를 효율적으로 구할 수 있다. 이 절에서는 식 (13.12)와 같이 비선형 함수 $f(x)$의 비제약 최적화 문제 중에서 최소화 문제만을 다루기로 한다.

$$\text{모든 } x \in R^n \text{에 대해 } f(x) \text{를 최소화한다.} \qquad (13.12)$$

여기서 x는 n개의 요소로 구성된 열벡터, 즉 $x = [x_1, x_2, \cdots, x_n]^T$ 이다.

이와 같은 문제를 풀기 위한 일반적인 접근 방법은 초기값 x_0를 가정한 후 반복식을 사용하여 개선된 근사값을 구해 나가는 것이다. 즉 주어진 점으로부터 최상의 방향을 정하고 그 방향을 따라 최상의 값만큼 진행하는 방식이다. 이를 수식으로 나타내면 다음의 형태를 가진다.

$$x^{k+1} = x^k + s^k d^k \qquad (11.13)$$

여기서 $k = 0, 1, 2, ...$이며, d^k는 탐색 방향, 스칼라 s^k는 다음의 근사값이 탐색 방향으로 얼마만큼 멀어지는가를 의미하는 가중치이다.

이제 식 (11.13)으로부터 가중치 s^k와 탐색 방향 d^k의 값을 결정해야 한다. 일반적으로 탐색 방향에 대한 선택은 x^k에서 기울기의 음(negative) 벡터, 즉 $d^k = -\nabla f(x^k)$로 설정한다. 따라서 식 (11.13)은 다음과 같이 표현될 수 있다.

$$x^{k+1} = x^k - s^k \nabla f(x^k) \qquad (11.14)$$

여기서 $\nabla f(x) = (\partial f/\partial x_1, \partial f/\partial x_2, ..., \partial f/\partial x_n)$ 이다.

식 (11.14)의 해 x^{k+1}이 최소가 되기 위한 조건은 $f(x^k - s^k \nabla f(x^k))$를 최소화하는 s^k의 값을 찾는 것이다.

켤레 구배법은 보다 더 빨리 최소값을 찾기 위해 이전 방향과 새로운 탐색 방향의 조합을 취한다. 즉 조정된 탐색방향은 식 (11.15)와 같다.

$$d^{k+1} = -\nabla f(x^{k+1}) + \beta d^k \qquad (11.15)$$

이때 $\beta = \dfrac{(\nabla f(x^{k+1}))^T \nabla f(x^{k+1})}{(\nabla f(x^k))^T \nabla f(x^k)}$ 이다.

지금까지 설명한 켤레 구배법의 알고리즘을 요약하면 다음과 같다.

단계 1 : 초기값 x_0와 허용 오차 ε를 설정한다. $k = 0$라 두고 $d^k = -\nabla f(x^k)$를 계산한다.

단계 2 : $f(x^{k+1}) = f(x^k - s^k \nabla f(x^k))$를 최소화하는 s^k를 찾는다.

그리고 s^k를 이용하여 $x^{k+1} = x^k - s^k \nabla f(x^k)$와 $\nabla f(x^{k+1})$를 구한다.

만일 $\|\nabla f(x^{k+1})\| < \epsilon$이면 해로써 x^{k+1}를 취하고 종료하며, 그렇지 않으면 단계 2로 간다.

단계 3 : 새로운 켤레 방향 $d^{k+1} = -\nabla f(x^{k+1}) + \beta d^k$를 계산한다.

여기서 $\beta = \dfrac{(\nabla f(x^{k+1}))^T \nabla f(x^{k+1})}{(\nabla f(x^k))^T \nabla f(x^k)}$ 이다.

단계 4 : $k = k+1$로 하고 단계 1로 간다.

이러한 단계에 따라 켤레 구배법에 대한 MATLAB 프로그램을 구현하면 다음과 같다.

Program 13.1 ➡ **켤레 구배법**

```
function [res, iter]=mincg(f, derf, ftau, x, tol)
% f : 입력 함수
% derf : 입력 함수의 구배 함수
% x : 초기값
% tol : 오차 한계값
global p1 d1   % 전역 변수 선언
```

```
n=size(x);
iter=0;

% 초기 경도 계산
df=feval(derf, x);

while norm(df) > tol
   iter=iter+1;
   df=feval(derf, x);
   d1=-df;
   for i=1:n
      p1=x;
      tau=fmin(ftau, -10, 10, [0 0.0005]);
      % 새로운 x 계산
      x1=x+tau*d1;
      % 이전 경도 저장
      dfp=df;

      % 새로운 경도 계산
      df=feval(derf, x1);
      % x와 d의 새로운 값
      d=d1;  x=x1;

      % 켤레 구배법
      beta=(df' * df) / (dfp' * dfp);
      d1=-df+beta*d;
   end

end
res=x1;
disp('반복 횟수=');
disp(iter);
disp('해');
disp(x1);
disp('경도');
disp(df);
```

다음에 주어진 함수를 최소화하는 변수 x_1과 x_2를 구하기 위해 켤레 구배법을 이용하라. 단 초기점은 $X_0 = (-1, 1)$이고 오차 한계는 $\epsilon = 10^{-5}$이다.

$$f(x_1, x_2) = x_1 + 2x_1^2 + 2x_1 x_2 + x_2^2$$

풀이 위의 알고리즘에 따라 단계적으로 계산하면 다음과 같다.

$\nabla f(x_1, x_2) = (1 + 4x_1 + 2x_2, 2x_1 + 2x_2)$이고,

$X_0 = (-1, 1)$ 이므로 $\nabla f(X_0) = \nabla f(-1, 1) = (-1, 0)$

따라서 $d_0 = -\nabla f(x_0) = (1, 0)$

$X_1 = X_0 - s_0 \nabla f(X_0) = (-1, 1) + S_0(1, 0) = (S_0 - 1, 1)$

$$\begin{aligned} f(X_0 + S_0 d_0) &= f(S_0 - 1, 1) \\ &= S_0 - 1 + 2(S_0 - 1)^2 + 2(S_0 - 1)*1 + 1^2 \\ &= S_0 - 1 + 2S_0^2 - 4S_0 + 2 + 2S_0 - 2 + 1 \\ &= 2S_0^2 - S_0 \end{aligned}$$

$f'(X_0 + S_0 d_0) = 4S_0 - 1 = 0 \rightarrow S_0 = \dfrac{1}{4}$

$\therefore \ X_1 = \left(-\dfrac{3}{4}, 1\right)$

두 번째 반복으로

$\nabla f(X_1) = \nabla f(-\dfrac{3}{4}, 1) = (0, \dfrac{1}{2})$이므로 $|\nabla f(X_1)| > 10^{-6}$이다.

또한 $\beta = \dfrac{\left(0 \ \ \dfrac{1}{2}\right)\begin{pmatrix} 0 \\ \dfrac{1}{2} \end{pmatrix}}{(-1 \ \ 0)\begin{pmatrix} 1 \\ 0 \end{pmatrix}} = \dfrac{1}{4}$ 가 되며,

$$d_1 = \left(0, -\dfrac{1}{2}\right) + \dfrac{1}{4}(1, 0) = (\dfrac{1}{4}, -\dfrac{1}{2}) 이다.$$

이때

$$X_2 = X_1 + S_1 d_1 = (-\dfrac{3}{4}, 1) + S_0(\dfrac{1}{4}, -\dfrac{1}{2}) = (-\dfrac{3}{4} + \dfrac{1}{4}S, 1 - \dfrac{1}{2}S)$$

$$f(X_2) = (-\frac{3}{4} + \frac{1}{4}S_1) + 2(-\frac{3}{4} + \frac{1}{4}S_1)^2 + 2(-\frac{3}{4} + \frac{1}{4}S_1)(1 - \frac{1}{2}S_1) + (1 - \frac{1}{2}S_1)^2$$

$$= \frac{1}{8}S_1^2 - \frac{1}{4}S_1 - \frac{1}{8}$$

이므로

$$f'(X_2) = \frac{1}{4}S_1 - \frac{1}{4} = 0 \rightarrow S_0 = 1$$

$$\therefore X_2 = \left(-\frac{1}{2}, \frac{1}{2}\right)$$

이제 $\nabla f(X_2) = (0, 0)$이므로 $|\nabla f(X_2)| < 10^{-6}$가 되어 반복 계산은 종료된다. 따라서 최소값이 존재하는 해는 다음과 같다.

$$X = (x_1, x_2) = \left(-\frac{1}{2}, \frac{1}{2}\right)$$

1. 다음 함수에 대해 각 문항을 풀어라.

$$f(x) = -x^2 + 8x - 12$$

(a) 함수의 그래프를 그려라.

(b) 미분을 사용하여 최대값과 그 때의 x값을 구하라.

(c) (a)의 그래프와 (b)의 결과를 비교하라.

2. 다음의 목적 함수를 최대화하기 위한 선형 프로그래밍 문제를 풀어라.

목적 함수 $f(x) = 1.75x + 1.25y$의 최대화
구속 조건 $1.2x + 2.25y \leq 14$

$$x + 1.1y \leq 8$$

$$2.5x + y \leq 9$$

$$x \geq 0$$
$$y \geq 0$$

(a) 그래프적 해석을 이용하라.

(b) Simplex법을 이용하라.

3. 다음의 목적 함수를 최대화하기 위한 선형 프로그래밍 문제를 풀어라.

목적 함수 $f(x) = 6x + 8y$ 의 최대화
구속 조건 $5x + 2y \leq 40$
$\qquad\qquad 6x + 6y \leq 60$
$\qquad\qquad 2x + 4y \leq 32$
$\qquad\qquad x, y \geq 0$

(a) 그래프적 해석을 이용하라.

(b) Simplex법을 이용하라.

(c) MATLAB 함수 lp를 사용하여 위의 결과와 비교하라.

4. 한 자동차 회사는 같은 모델에 대해서 두 가지 버전의 차(two-door, four-door)를 판매한다.

(a) 이윤을 최대화하기 필요한 각 버전의 생산 대수를 그래프를 이용하여 구하고, 최대이윤을 구하라.

(b) Simplex법으로 선형 프로그래밍 문제를 풀어라.

(c) MATLAB 함수 lp를 사용하여 풀어라.

	Two Door	Four Door	가용성
수익	$13,500/car	$15,000/car	8000h/year
생산 시간	15h/car	20h/car	
저장고	400cars	350cars	240,000cars
소비자 수요	700/car	500/car	

5. 켤레 구배법을 2회 반복 수행하여 아래에 주어진 함수의 최대값이 존재하는 해를 구하라. 단 $X_0 = (x_1, x_2) = (-1, 1)$ 이다.

$$f(x_1, x_2) = \cos x_1 + \sin x_2 + 31$$

6. 켤레 구배법을 1회 수행하여 아래에 주어진 함수의 최소값이 존재하는 해를 구하라. 단 $X_0 = (x_1, x_2) = (-1, 1)$이다.

$$f(x_1, x_2) = x_1^2 + x_1 x_2 - x_1 + 2x_2^2$$

7. 다음의 시스템은 전송 네트워크를 통해 부하를 전달하는 두 개의 전력 공장으로 구성된다. 1, 2번 공장에서 생산하는 전력의 비용은 다음과 같이 주어진다.

$$F_1 = 2p_1 + 2$$
$$F_2 = 10p_2$$

여기서 p_1과 p_2는 각 공장에서 생산되는 전력이다. 전송으로 인한 전력 손실, L은 다음과 같이 주어진다.

$$L_1 = 0.2p_1 + 0.1p_2$$
$$L_2 = 0.2p_1 + 0.5p_2$$

전력의 전체 수요는 30이며, p_1은 42를 넘지 않아야 한다. 최적화 방법을 사용하여 비용을 최소화하면서 수요를 만족시키기 위한 전력 생산량을 구하라.

8. 전체 전하량 Q가 반경 a의 링 모양의 도체 주위로 균일하게 분포한다. 또한 전하량 q는 링의 중심에서 거리 x의 위치에 놓여 있다. 링에 의해 전하 q에 작용하는 힘 F는 다음과 같다.

$$F = \frac{1}{4\pi\epsilon_0} \frac{qQx}{(x^2 + a^2)^{3/2}}$$

여기서 $\epsilon_0 = 8.85 \times 10^{-12} \left[C^2/N{\cdot}m^2 \right]$, 그 $q = Q = 2 \times 10^{-5} \left[C \right]$ 그리고 $a = 0.9m$이다. 작용 힘이 최대가 되는 거리 x를 구하라.

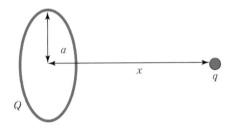